机电传动系统振动图像变换与智能故障诊断方法

樊红卫　曹现刚　张旭辉　著

中国矿业大学出版社
· 徐州 ·

内 容 提 要

本书主要介绍由电机、轴、轴承和齿轮所构成的机电传动系统的振动信号向图像变换的基本原理、方法以及基于振动图像深度学习的机电传动系统智能故障诊断方法研究的最新理论成果和实验案例，主要包括机电传动系统的故障模拟与振动数据获取、振动信号的图像变换、振动图像的数据集扩增、基于振动图像深度学习的故障诊断方法等。

本书可供机械工程、仪器科学与技术、振动技术与工程等相关学科专业的教师、高年级本科生、研究生及科研院所、企业的技术人员参阅。

图书在版编目(CIP)数据

机电传动系统振动图像变换与智能故障诊断方法/樊红卫，曹现刚，张旭辉著. — 徐州：中国矿业大学出版社，2024.12. — ISBN 978-7-5646-6520-3

Ⅰ. TM921

中国国家版本馆 CIP 数据核字第 2024EV4941 号

书　　名　机电传动系统振动图像变换与智能故障诊断方法
著　　者　樊红卫　曹现刚　张旭辉
责任编辑　周　红
出版发行　中国矿业大学出版社有限责任公司
（江苏省徐州市解放南路　邮编 221008）
营销热线　(0516)83885370　83884103
出版服务　(0516)83995789　83884920
网　　址　http://www.cumtp.com　**E-mail**:cumtpvip@cumtp.com
印　　刷　苏州市古得堡数码印刷有限公司
开　　本　787 mm×1092 mm　1/16　**印张** 8.5　**字数** 191 千字
版次印次　2024 年 12 月第 1 版　2024 年 12 月第 1 次印刷
定　　价　48.00 元

前　言

进入21世纪以来，信息技术飞速发展，促使机械装备向着“信息化、数字化、智能化”的方向迈进。同时，随着制造强国战略的持续推进，机械装备的可靠性成为亟待解决的关键问题。智能化与可靠性的融合，催生了机械装备的智能故障诊断技术。智能故障诊断是以装备状态监测数据为基础、人工智能理论及方法为核心，服务于机械装备“安全、高效”运行的可靠性保障技术。故障诊断作为机械装备运行维护技术体系中的关键环节，以确定故障发生部位、类型，甚至发展程度为主要任务，从而为机械装备的维护、维修提供关键决策支持。深度学习是目前人工智能技术体系中发展最为活跃的领域，其以各种各样的大数据为研究对象，通过深层的人工神经网络计算架构，自动地挖掘大数据背后所蕴藏的巨大应用价值，在机械装备故障诊断技术中已展现出强劲的发展势头，成为国内外专家学者开展机械故障诊断技术研究的重要手段。

长期以来，机械装备故障诊断技术主要以振动信号为研究手段，在振动信号分析处理和故障特征提取等方面已取得了大量研究成果。进入大数据驱动基于深度学习的智能故障诊断时代，专家学者们依然延用振动信号作为机械装备故障诊断的首要手段，将每一条振动信号作为一组时序数据，输入深层人工神经网络模型中，从而实现对机械故障模式的智能识别。然而，工程实际中的机械振动信号易受现场干扰的影响而表现复杂，采用一维数据有时并不能很好地展现振动信号背后所蕴藏的故障特征信息。因此，近年来越来越多的专家学者们开始探索采用二维数据进行机械装备的智能故障诊断。二维数据即图像驱动的智能故障诊断主要研究振动信号的图像变换原理、方法和图像数据的扩容、识别等。本书即是著者长期从事振动信号图像变换及智能故障诊断研究的成果总结，给出了著者所采用的故障诊断数据和深度学习方法，提供了应用案例，供读者参阅。

本书的主体内容是在国家自然科学基金面上项目(52275131)、陕西省教育厅服务地方专项项目(23JC052)、陕西省秦创原“科学家+工程师”队伍建设项目(2024QCY-KXJ-164)、西安科技大学优秀青年科技基金项目等支持下完成的,在此表示衷心感谢。同时,感谢西安科技大学高质量学术专著出版资助计划(XGZ2024032)对本书的资助支持。本书在成稿过程中得到了著者团队研究生的大力支持,在此特别感谢研究生薛策译、马嘉腾、马宁阁、任众孚、陈步冉、李青山、张腾等在理论研究与实验验证中的贡献,感谢研究生王凯威、高洁雯、李杰、刘胜林等在书稿素材整理与编辑中的付出。全书由樊红卫负责策划和审核,曹现刚、张旭辉参与了书稿讨论和第1、2章撰写,其余章节均由樊红卫负责撰写。

受著者水平所限,书中不妥之处在所难免,敬请读者批评指正。如有反馈意见,可通过 hw_fan@xust.edu.cn 与著者联系。

樊红卫

于西安科技大学

陕西省矿山机电装备智能检测与控制重点实验室

2024年11月

目　　录

第 1 章　概述 …… 1

第 2 章　机电传动系统故障模拟与数据获取 …… 4

2.1　机电传动系统基本结构 …… 4

2.1.1　机电传动系统基本概念 …… 4

2.1.2　机电传动系统结构组成 …… 4

2.2　机电传动系统典型故障 …… 5

2.2.1　滚动轴承故障 …… 5

2.2.2　齿轮故障 …… 8

2.2.3　轴的故障 …… 8

2.2.4　电机的机械故障 …… 10

2.3　机电传动系统故障模拟与数据获取 …… 11

2.3.1　故障模拟平台结构组成 …… 11

2.3.2　一号故障模拟平台及数据获取 …… 12

2.3.3　二号故障模拟平台及数据获取 …… 14

第 3 章　机电传动系统振动信号图像变换方法 …… 16

3.1　振动信号的矩阵式图像变换方法 …… 16

3.1.1　基本灰度图像变换方法 …… 16

3.1.2　灰度纹理图像变换方法 …… 17

3.1.3　改进灰度纹理图像变换方法 …… 18

3.1.4　VMD-GTI 图像变换方法 …… 19

3.1.5　格拉姆角场图像变换方法 …… 21

3.1.6　信息融合格拉姆角场图像变换方法 …… 24

3.2 振动信号的极坐标式图像变换方法 …… 26
3.2.1 对称极坐标图像变换方法 …… 26
3.2.2 非对称极坐标图像变换方法 …… 26
3.2.3 信息融合极坐标图像变换方法 …… 29
3.3 振动信号的时频分析图像变换方法 …… 30
3.3.1 经验模态分解图像变换方法 …… 30
3.3.2 EMD-PWVD 图像变换方法 …… 31
3.3.3 短时傅里叶图像变换方法 …… 33
3.3.4 连续小波图像变换方法 …… 34

第 4 章 机电传动系统振动图像数据集扩容方法 …… 36
4.1 生成对抗网络及其改进模型 …… 36
4.1.1 基本 GAN 模型 …… 36
4.1.2 WGAN 模型 …… 37
4.1.3 CGAN 模型 …… 38
4.1.4 WGAN-GP 模型 …… 38
4.1.5 CWGAN-GP 模型 …… 39
4.1.6 DBD-DFF-WGAN-GP 模型 …… 40
4.1.7 DCGAN 模型 …… 42
4.2 机电传动系统振动图像数据集扩容实例 …… 44
4.2.1 数据分割方法 …… 44
4.2.2 小样本振动图像数据集构建 …… 45
4.2.3 单一故障下滚动轴承振动图像扩容方法 …… 54
4.2.4 复合故障下滚动轴承振动图像扩容方法 …… 57
4.2.5 复杂模式下滚动轴承振动图像扩容方法 …… 60
4.2.6 斜齿轮振动图像扩容方法 …… 62

第 5 章 机电传动系统故障诊断的深度学习方法 …… 70
5.1 卷积神经网络及其改进模型 …… 70
5.1.1 卷积神经网络基本原理 …… 70
5.1.2 卷积神经网络主要参数 …… 74
5.1.3 倒三角通道分布卷积神经网络 …… 78
5.1.4 Inception 改进卷积神经网络 …… 81
5.1.5 SVM 改进卷积神经网络 …… 84
5.1.6 轻量化卷积神经网络 …… 85

5.1.7　轻量化多尺度卷积神经网络 …… 85
5.2　Transformer 网络及其改进模型 …… 88
5.2.1　Transformer 网络基本结构 …… 88
5.2.2　注意力机制与多层感知机 …… 89
5.2.3　层归一化与模型训练损失 …… 92
5.2.4　Vision Transformer 网络 …… 92
5.2.5　池化层改进 Vision Transformer 网络 …… 94
5.3　基于深度学习的机电传动系统故障诊断实例 …… 95
5.3.1　基于改进卷积神经网络的故障诊断实例 …… 95
5.3.2　基于改进 Transformer 网络的故障诊断实例 …… 119

参考文献 …… 125

第1章 概 述

机械故障诊断技术，英文为 Mechanical Fault Diagnosis Technology，是一种感知机器在运行过程中的状态，进而确定其整体或局部正常或异常，及早发现存在的故障及其原因，并能预报故障发展趋势的技术。这一概念的形成是国内外同行在学术研究和工程实践中长期积累和不断发展的结果，早期的机械故障诊断技术存在于零散的学术研究和设备维修实践当中，随着科学技术的进步和人类对资产管理的高度重视，机械故障诊断已逐渐成为设备及生产过程的重要保障技术。

机械故障诊断方法主要包括基于信号分析的方法和数据驱动的方法两类。前者的研究对象是信号，核心在于信号精密分析和故障特征准确提取；后者的研究对象是数据，核心在于大数据制备、机器(深度)学习模型训练及其泛化推广。从原理上讲，前者需要信任所获得的有限信号，再基于专家知识进行信号的建模和深度分析，并结合工程经验完成故障诊断，其智能化程度较低；后者则需要信任设备长时间连续监测的大数据，基于端到端的"黑箱"模型进行数据规律的学习训练，无需专门的故障知识和专家经验可自动完成故障诊断，其智能化程度较高。智能化时代，应该着力发展数据驱动基于深度学习的智能故障诊断技术。

众所周知，深度学习是一门针对大数据分析的数学与计算机交叉学科，数据对深度学习模型的训练结果影响很大，数据的质量和数量决定了深度学习模型的选取和训练。面向智能故障诊断即故障定位、定型任务的深度学习，其实质上是一个数据分类的工作。分类属于有监督学习，需要借助大量的有标签数据才能判定待测数据属于哪一个故障类别。然而，工程实际中，故障诊断任务并非总能获得足够数量、类别齐全、特征鲜明的有标签数据。当只有少量有标签的目标域数据时，无法直接进行深度学习，只能对小样本数据扩容后再进行深度学习。

深度学习在机械故障诊断领域已有一定的研究和应用，已经形成了几种比较主流的深度学习故障诊断模型，比如卷积神经网络（convolutional neural network，CNN）、生成对抗网络（generative adversarial networks，GAN）等，这些方法为数据驱动基于深度学习的机械故障智能诊断提供了可行途径。其中，生成对抗网络主要用于解决故障样本数量不足和不同类别故障样本数量不平衡等问题；卷积神经网络则主要是为了解决图像智能识别问题而提出的，主要用于图像数据驱动的机械故障诊断研究。当然，将CNN退化后用于一维数据的故障诊断也是一种研究思路。目前，图像和CNN相结合的故障诊断方法研究较多，其研究焦点在于信号的图像变换，不同的变换方法会对故障诊断结果产生较大影响。

机械设备主要由电机、齿轮箱、轴系等核心单元构成，其电机、齿轮、轴承、轴等关键零件极容易发生各种故障。当机械设备发生故障时，通常首先表现为设备振动异常，因此振动信号成为机械故障诊断的主要手段。振动信号是一种一维时间序列数据，它表达了机械设备的状态随时间变化的规律。当振动幅值超标或频谱异常时通常预示着机械设备中某种故障的发生。然而，工程实际中的振动信号很容易受到生产现场各种噪声干扰的影响，需要对其进行专门的深入分析才能获得反映机械设备故障情况的特征信息。若将振动信号变换为二维图像，则可以增加状态信息的可视化维度，亦可增强故障特征的表现效果，比如时频分析、灰度图像变换等，已在机械故障诊断中得到应用。

本书将系统性地介绍振动信号向图像变换的各种原理和方法，以及基于振动图像的样本扩容和故障诊断的深度学习方法。本书的组织架构如下：

第1章为概述。简要介绍机械故障诊断技术的基本含义、思路方法和研究现状，旨在引出基于振动图像和深度学习的机械故障诊断课题，为后续章节做好铺垫。这里，出于篇幅考虑，并没有详细地介绍本领域的研究现状。

第2章为机电传动系统故障模拟与数据获取。主要介绍机电传动系统的基本结构、典型故障、实验平台和数据获取等，旨在为本书的故障诊断指明研究对象，并提供数据基础。

第3章为机电传动系统振动信号图像变换方法。主要介绍常用的三类振动信号向图像变换的方法，包括矩阵式图像变换方法、极坐标式图像变换方法和时频分析图像变换方法。这里，将尽可能多地介绍目前在机械故障诊断领域被广泛使用的各种振动图像变换方法，从而为读者提供更多的振动图像变换思路。

第4章为机电传动系统振动图像数据集扩容方法。主要针对工程实际中缺乏数据样本的问题提出采用生成对抗网络进行样本扩容的研究思路，重点介绍几种主流的生成对抗网络模型，比如WGAN、CGAN、WGAN-GP、CWGAN-GP、DCGAN等。

第5章为机电传动系统故障诊断的深度学习方法。主要介绍以卷积神经网络为核心的机械故障诊断深度学习方法，重点介绍CNN模型的改进思路，也介绍了Transformer等较新颖的深度学习模型及其改进策略。这些方法是目前基于深度学习的机械故障诊断的研究热点。

本书在第 3 至 5 章的不同小节中使用实验数据对所提理论、方法进行了验证，所使用的实验平台和数据在第 2 章做了介绍。

本书各章节逻辑关系和各章的主要内容如图 1-1 所示。

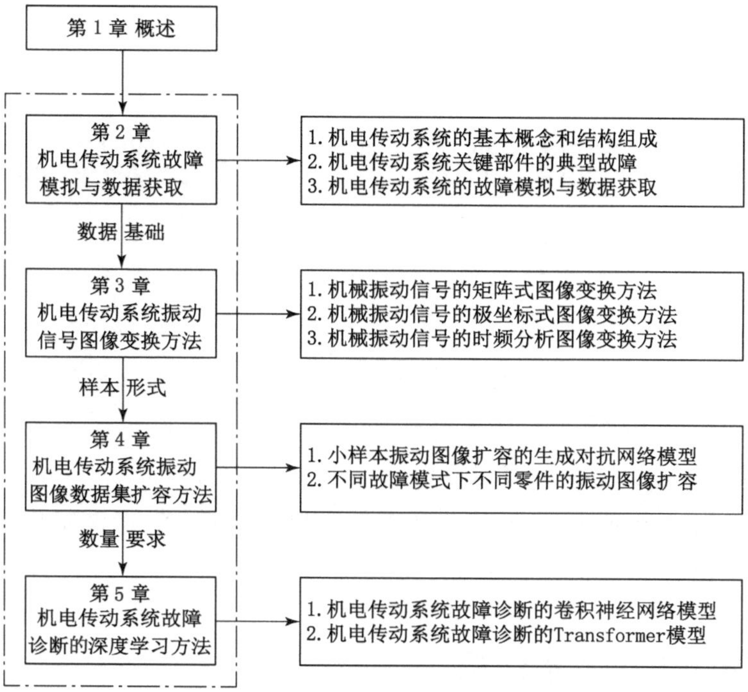

图 1-1 本书各章节逻辑关系和各章主要内容

如图 1-1 所示，第 2 章为第 3 章提供了数据基础，第 3 章将第 2 章的一维数据变换为二维图像，为第 4 章提供了图像形式的样本，第 4 章对第 3 章的图像样本进行数据扩容，得到满足深度学习需求的大样本，是第 5 章进行深度学习模型训练的关键。各章节之间逻辑关系严密、合理，各章内容安排得当，层次清晰，浑然一体。

需要说明的是，本书仅介绍了基于振动图像变换、小样本图像扩容和图像深度学习的机械故障诊断方法，比如基于一维数据、迁移学习等其他主流方法的机械故障诊断研究工作并未涉列其中。

第 2 章　机电传动系统故障模拟与数据获取

机电传动系统广泛应用于工业生产的各个领域。由于工业设备的结构日益复杂，加之一些设备的服役环境恶劣，运行工况多变，随着服役时间的增加，其关键零部件的性能退化和故障在所难免，由此将引起停机、停产甚至安全事故。掌握机电传动系统的基本结构和常见故障类型，以此为基础开展故障模拟实验，获取故障状态下的数据，对开展机电传动系统的故障诊断具有重要意义。

2.1　机电传动系统基本结构

2.1.1　机电传动系统基本概念

机电传动系统是利用机械和电气相结合的方式，将动力从一个装置传递到另一个装置的系统，目的是将电能转化为机械能，实现生产机械力与运动的调控，保证生产过程正常进行。该系统通常包括各种机械元件，如轴承、齿轮和轴等，以及电动机等电气动力元件。

机电传动系统广泛应用于航空航天、数控机床、汽车高铁、风力发电、船舶舰艇和各类工程机械等。它能够驱动各种机械装置完成特定的工作任务，如加工、组装、抓取、运输和采掘等，是各类机电设备中非常重要的组成部分。

2.1.2　机电传动系统结构组成

机电传动系统包括机械部分与电气部分，其中机械部分包括各种类型的机械装置和传动机构，电气部分通常是指电动机及其驱动控制单元。通过机械部分与电气部分的有机结合，可以实现力与运动的传递和控制。

机械部分通常包括传动机构、机架和连接件等。其中传动机构是核心部件，主要包括轴承、齿轮传动、轴等零件，将电机的输出功率传递给负载装置；机架用以支撑、保护及固定各部件，确保它们处在正确的安装位置，如轴承座、底座等；连接件是连接传动系统内各零件的接口，对机电传动系统的形成至关重要，如螺栓、联轴器等，负责连接两个固定或运动部件，使它们成为一个整体。

电气部分通常包括电动机、传感器、控制器和电气连接件等。电动机是将电能转化为机械能的设备，常采用感应电机实现旋转运动，再根据需求对旋转运动进行变换，以满足生产要求；传感器用于检测电动机的转速、扭矩等参数，对其状态进行监测并将这些信号反馈用于控制；控制器接收来自传感器的信息，从而驱动电动机完成调速等动作，常采用变频器进行电动机无级调速；电气连接件主要是通过各种线缆将电源、电机、传感器、控制器等连接起来，形成一个完整的电气测控系统。

机电传动系统是机械设备的组成部分之一，也是除执行机构外最重要的部分，其结构虽然复杂，但各类机械设备的传动结构有规律可循。无论是对运动或力的哪种变换，机电传动系统的核心部件依然是电动机、传动件、支撑件和连接件，尤其是齿轮、滚动轴承等刚性零件在机械传动中应用十分广泛。

2.2　机电传动系统典型故障

机电传动系统在运行过程中由于自身性能退化和外界环境影响，可能出现各种各样的异常或故障。如齿轮、轴承的磨损或断裂，常会导致传动效率的降低、工作过程的不稳定甚至停机。因此，机电传动系统的机械故障对设备的工作状态和使用寿命影响极大，如裂纹、断齿、断轴等故障是不可逆和危害巨大的，需要了解这些故障对机电传动系统的影响，从而对其进行监测诊断，才能保障机电传动系统的安全可靠运行。

本书以“电机-轴承-轴-齿轮”所构成的机电传动系统为研究对象，重点对滚动轴承、齿轮、轴和电机的机械故障进行实验模拟和故障诊断研究。

2.2.1　滚动轴承故障

滚动轴承的基本结构包括内圈、外圈、滚动体和保持架四个部分，如图 2-1 所示，其中 D 为节径、r_1 为内圈半径、r_2 为外圈半径、α 为接触角、d 为滚动体直径。

如图 2-1 所示，一般情况下，滚动轴承的外圈固定在轴承座中，内圈与轴固连并随轴一起转动，滚动体在内圈和外圈中运动，因滚动体的存在而形成内圈与外圈之间的相对运动，保持架使滚动体在滚道中均匀分布，避免滚动体之间发生碰撞。

滚动轴承的故障类型通常根据故障所在部位进行判断，即外圈故障、内圈故障、滚动体故障、保持架故障以及多部位同时发生故障（又称复合故障）。据有关统计，滚动轴

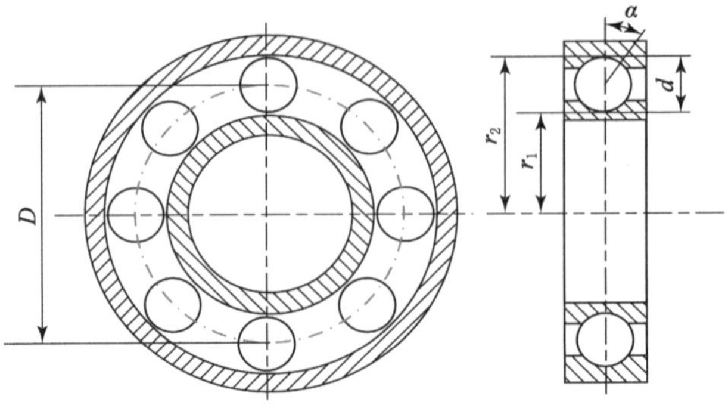

图 2-1 滚动轴承的结构示意图

承的故障大约 90%发生在内圈和外圈,10%发生在滚动体和保持架。滚动轴承在运转过程中会因为各种问题而发生零件损坏,如加工精度不足、零件装配不当、润滑不良、异物侵入、腐蚀和过载,都可能引起滚动轴承的故障。即使在安装、润滑和使用维护都正常的情况下,经过一段时间的运转,滚动轴承也会出现疲劳剥落和磨损而难以正常工作。

滚动轴承的主要零件及其常见失效形式如下:

(1) 内圈:滚动轴承内圈位于最内侧,通过与轴的径向过盈配合而固连,与轴具有相同的运动规律,其主要功能是承受来自轴所传递的负荷。

(2) 外圈:滚动轴承外圈位于最外侧,通常安装在轴承座内并由其定位,其主要功能是支撑滚动轴承以保证正常运转。

(3) 滚动体:滚动体位于内圈和外圈之间,滚动轴承通过球、柱式滚动体在内圈和外圈之间填充以及接触间隙来使内圈和外圈之间形成相对运动,由于理论上滚动体与内圈和外圈为点接触,因而能够减少运动过程中的摩擦,同时固体滚动体可以提高承载能力,但内圈、外圈、滚动体三者之间的不确定性接触不利于控制轴承的振动噪声。

(4) 保持架:保持架位于内圈和外圈之间、滚动体的两侧,用于保障滚动体处于内圈和外圈之间的正确位置,也起到防止外物进入滚道的作用。

滚动轴承的常见失效形式包括:

(1) 磨损:在长期使用或不当润滑条件下,滚动轴承的内圈、外圈表面出现磨损,导致尺寸减小、形状不规则或表面粗糙,进而影响滚动轴承的正常工作。

(2) 裂纹:滚动轴承的内圈、外圈因为承受过大载荷或冲击而产生裂纹,特别在高应力区域,如外圈与滚动体接触位置,裂纹逐渐扩展将导致外圈破裂。

(3) 腐蚀:若滚动轴承长期暴露在腐蚀性介质中,如酸、碱或盐水,或不良润滑条件下,可能发生腐蚀,使轴承零件表面质量和硬度降低,导致轴承的失效。

(4) 变形:在大负载或高温条件下,由于过载或温度超标而引起轴承零件变形,特别在高温下会热膨胀而产生不均匀变形，导致几何形状失常，进而影响轴承运行。

在实验室条件下，开展故障诊断研究需要进行滚动轴承故障模拟。图 2-2 所示是滚动轴承的故障模拟样件，包括内圈、外圈、滚动体、保持架各自两种不同程度的故障，内圈和外圈、内圈和滚动体、外圈和滚动体各两种不同程度的复合故障，以及滚动轴承四个零件同时故障（又称全故障）。其中，对内圈和外圈，轻微故障设置在侧面非承载区，而严重故障设置在滚道承载区；对滚动体和保持架，轻微故障的尺寸设计得较小，而重度故障的尺寸设计得较大。

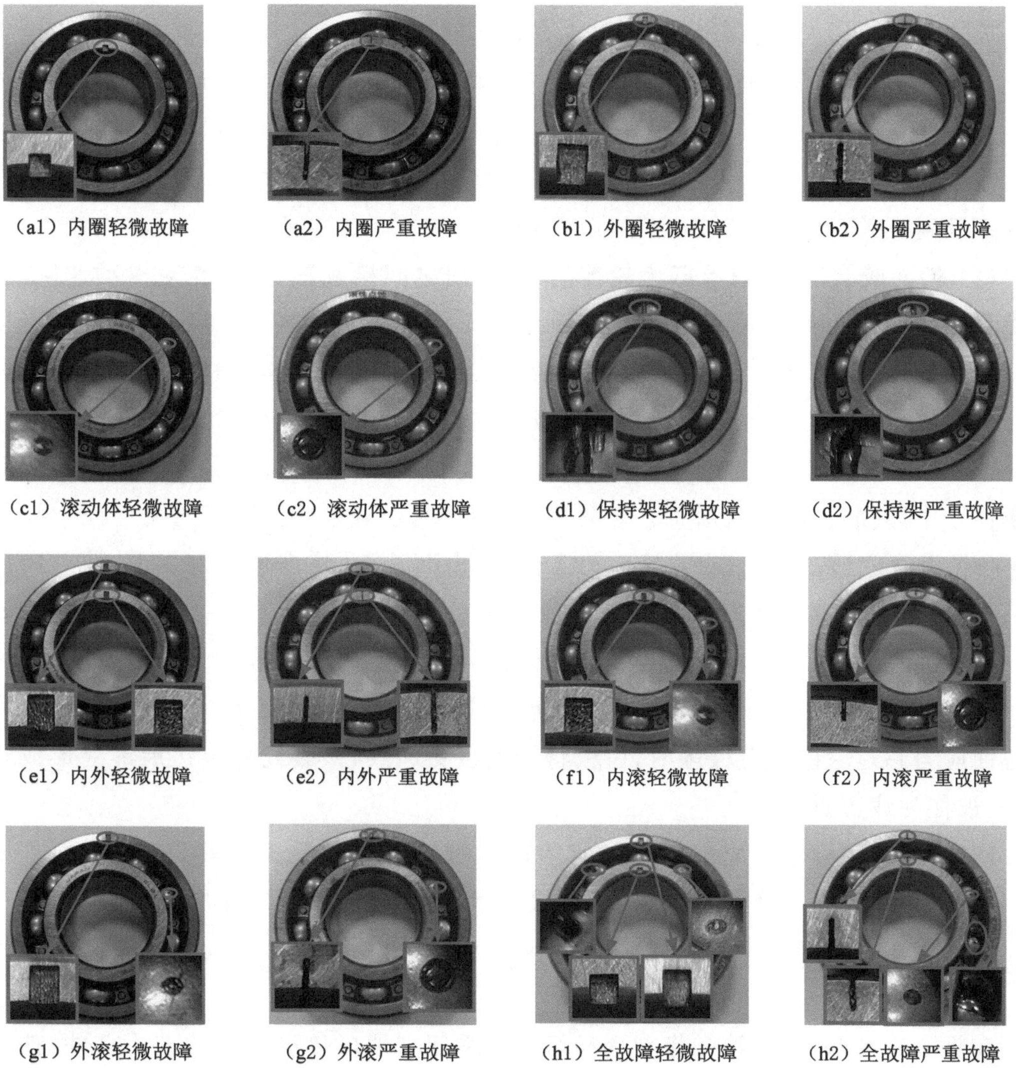

（a1）内圈轻微故障　（a2）内圈严重故障　（b1）外圈轻微故障　（b2）外圈严重故障

（c1）滚动体轻微故障　（c2）滚动体严重故障　（d1）保持架轻微故障　（d2）保持架严重故障

（e1）内外轻微故障　（e2）内外严重故障　（f1）内滚轻微故障　（f2）内滚严重故障

（g1）外滚轻微故障　（g2）外滚严重故障　（h1）全故障轻微故障　（h2）全故障严重故障

图 2-2　不同故障模式下的滚动轴承实验样件

2.2.2 齿轮故障

在机电传动系统中，齿轮故障发生的概率仅次于轴承，其故障通常包括齿面区域性故障或整体性故障，如点蚀、磨损等，以及齿轮轮齿特定位置的局部故障，如齿根裂纹、局部或整体断齿等。齿轮发生故障后，将直接影响其啮合过程的正常进行，尤其影响啮合间隙、刚度等，从而影响齿轮的传动效率、平稳性、可靠性和安全性。几种常见的齿轮故障类型如下：

(1) 齿面点蚀：齿轮轮齿在工作时，其表面任一点所产生的接触应力是由零(该点未进入啮合时)增加到某一个值(该点啮合时)，即齿面接触应力是按脉动循环规律变化的。若齿面接触应力超出材料接触疲劳极限，在载荷的反复多次作用下，齿面表层就会产生细微的疲劳裂纹，裂纹蔓延扩展逐渐使金属微粒剥落下来形成所谓的疲劳点蚀，使轮齿啮合情况恶化。疲劳点蚀首先发生在齿根表面靠近节线处，齿面抗点蚀能力主要与齿面硬度有关，硬度越高，抗点蚀能力越强。

(2) 齿面胶合：在高速重载齿轮传动中，齿面之间接触压力大、相对滑动速度高，因摩擦发热而使齿面啮合区域温度升高而引起润滑失效，使两个齿面的金属材料直接接触并相互黏结，在齿面相对运动作用下，较软的齿面沿滑动方向的材料被撕下而形成沟纹，这种现象即齿面胶合，齿面胶合主要发生在相对运动速度较大的地方。

(3) 齿面磨损：在开式齿轮传动中，由于粉尘、颗粒等进入齿面之间，导致齿面摩擦加重而产生磨损，称为磨粒磨损。若采用闭式传动，会减少此类磨损的发生。

(4) 齿面变形：在过载或频繁传动场合，若齿面较软，将产生局部变形，使轮齿齿廓失去正确的齿形，这种现象称为齿面变形。

(5) 轮齿折断：因短时突然的严重过载而引起轮齿瞬间断裂称为过载折断，采用淬火钢或铸铁制成的齿轮容易发生这种故障形式。在交变载荷的反复多次作用下，当齿根弯曲应力超过弯曲疲劳极限时，齿根将产生疲劳裂纹，该裂纹逐渐扩展最终形成轮齿折断，被称为疲劳折断。

同样，在故障诊断研究中常通过实验模拟齿轮的故障形式。图 2-3 为几种常见故障模式的齿轮样件，故障模式包括齿面点蚀、齿面磨损、齿根裂纹和局部断齿。

2.2.3 轴的故障

在机电传动系统中，轴是将轴承和齿轮联系起来形成传动系统的重要零件，轴由轴承支撑，轴上安装齿轮，所以轴的工作状态受轴承和齿轮的影响。从转子动力学角度看，轴是一种长径比大于 1 的转子。齿轮轴和普通转子不同，普通转子在两个轴承之间一般没有径向、周向、轴向受力零件。由于本书不对轴和转子的动力学特性进行理论研究，因此不作区分。轴在运转过程中可能出现的故障主要有不平衡、不对中、碰摩等，其

(a) 正常状态　　(b) 齿面点蚀　　(c) 齿面磨损

(d) 齿根裂纹　　(e) 局部断齿

图 2-3　不同故障模式下的齿轮实验样件

中不平衡是由于单根轴的质量分布不均，不对中是由于两根或多根轴之间轴线不共线，而碰摩是由于运动的轴与静止的部件之间不正常接触。轴的典型故障实验样件如图 2-4所示。

(a) 不平衡　　(b) 不对中　　(c) 碰摩

图 2-4　不同故障模式下的轴的实验样件

(1) 不平衡：不平衡是指转子质量分布不均匀，导致其在旋转时产生异常离心力，从而引起机械振动。引起转子不平衡的原因包括加工误差、装配不当和磨损不均等。加工误差是由于在制造过程中转子存在圆度、圆柱度误差或轴上特殊结构而导致质量分布不均匀。装配不当是转子与其支撑部件组装不正确或在装配过程中存在松动或错位等。磨损不均是长期使用中转子表面磨损不均匀导致的质量分布不均匀。转子不平衡是旋转机械难以避免的常见问题，会对系统可靠性和稳定性造成影响，需重点关注。

(2) 不对中：不对中是机械系统中转子与轴承或其他旋转组件之间对中不准确，导致运行时产生额外振动和过大应力。不对中分为平行不对中、角度不对中和综合不对中，平行不对中是两根轴线平行错开一定距离，角度不对中是两根轴线形成一个夹角，综合不对中是平行不对中和角度不对中的组合。不对中会增加轴承和轴的负荷，导致其过早磨损或损坏。

（3）碰摩：碰摩是转子与其他部件之间发生不正常接触或碰撞的现象，通常由零件配合间隙不当或轴向位置不正确引起。碰摩会导致严重的机械故障或损坏，需及时检测和解决。如风机中叶片与风筒间的碰摩、电机中转子与定子间的碰摩，都是典型的工程难题。

2.2.4 电机的机械故障

如前所述，本书机电传动系统是在机械传动系统基础上考虑了电机。电机的转子-轴承系统是其机械构造的核心，其转子、轴承的故障模式与前述轴、轴承类似。如图 2-5 所示，一台鼠笼式三相感应电机由定子和转子组成，定子包含铁芯、绕组和机座；铁芯由硅钢片叠压而成，内侧冲有放置绕组的齿槽，绕组由多个线圈连接而成，线圈的两个有效边放置在齿槽中；转子由铁芯和绕组构成，铁芯压装在轴上，由硅钢片叠压而成；机座用于安装，并支撑定子铁芯。

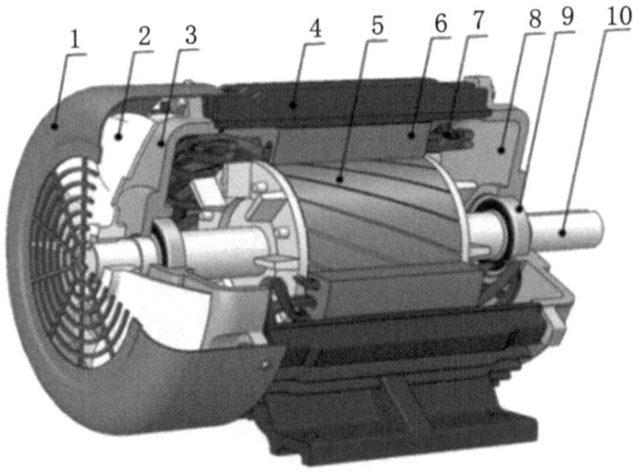

1—风罩；2—风扇；3，8—端盖；4—机座；5—转子；6—定子铁芯；7—定子绕组；9—轴承；10—转轴。

图 2-5 感应电机的结构示意图

电机的典型机械故障模拟样机如图 2-6 所示，故障模式包括轴承故障、转子不平衡、转子弯曲等。

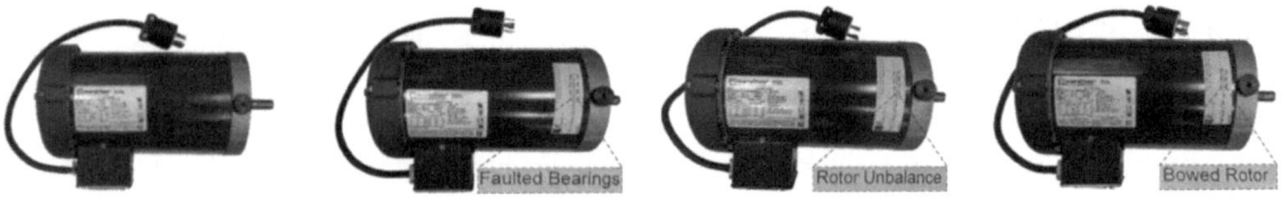

（a）正常　（b）轴承故障　（c）转子不平衡　（d）转子弯曲

图 2-6 不同故障模式下的实验电机样机

2.3　机电传动系统故障模拟与数据获取

2.3.1　故障模拟平台结构组成

机电传动系统故障模拟平台是专门用于模拟系统中各种故障的实验设备，主要包括以下几个组成部分。

(1) 机械传动部分：包括轴承、齿轮、轴等核心部件和联轴器、轴承座、基座等辅助部件，是机电传动系统的机械本体。故障模拟时，常采用更换对应部件的方式模拟各种各样的故障情况。从故障模拟策略角度，故障模拟分为不同零件故障模拟、同一零件不同故障类型模拟和同一零件同一故障类型不同故障程度模拟，其中故障类型模拟分为单一故障、复合故障和全故障，故障模拟的精细度不同，故障诊断的难度就不同，对故障诊断方法的要求也就不同，其中复合故障、考虑故障程度的复合故障诊断等，属于研究的难点。

(2) 电气控制部分：包括电机、变频器、传感器、控制器等核心组件，是机电传动系统实现各种不同传动目的的关键所在。在机电传动系统工况模拟时，主要调节转速和负载，通过变频器可以无级调节电机转速，而转速传感器可以为电机速度控制和信号分析提供参考信号，负载调节可以通过磁粉制动器或机械加载装置实现，调节磁粉制动器的激励电流即可改变负载大小。从转速与负载模拟策略角度，故障模拟分为离散工况模拟和连续工况模拟，离散工况模拟是对转速或负载设置不同挡位来模拟低速、中速、高速或空载、轻载、重载等工况，连续工况模拟是电机从静止状态启动后连续地升速至某一转速或采用相同的方式连续降速，负载模拟类似，最后得到的是一条连续变化的转速曲线或负载曲线。

(3) 传感监测部分：包括传感器、数据采集仪和上位机等。传感器包括一切可用于系统故障诊断的各类传感器，如压电式加速度传感器、磁电式速度传感器、涡流式位移传感器、钳式电流传感器、热电阻/热电偶/红外温度传感器和润滑油油品/磨粒传感器等。从传感器测量通道数的角度，传感器分为单向传感器和三向传感器，对角接触球轴承、圆锥滚子轴承、平行轴斜齿轮或交叉/交错轴锥齿轮等需采用三向传感器。从传感器功能角度，传感器分为单物理量传感器和多物理量传感器，如振动传感器、温度传感器和温振一体传感器，通过一个传感器测量多个物理量可以减少传感器数量，从而减少传感器安装对系统特性的影响。从传感器安装方式角度，测量分为接触式测量和非接触式测量，压电式加速度传感器安装在基座上，采用螺纹连接、磁力吸附、胶黏等方式，这种测量属于接触式测量，而涡流式位移传感器安装在一个支架上并沿径向指向轴心，这种测量属于非接触式测量。数据采集仪将来自传感器的模拟信号通过 A/D 转换器变换为数字信号，以在上位机上进行分析处理。目前，大多数数据采集系统都能实现4～16通道并行采集，上位机可以存储TB级数据，为机械故障诊断提供了强大硬件支持。图2-7所示为压电式加速度传感器、涡流式位移传感器和光电式转速传感器。

（a）压电式加速度传感器　（b）涡流式位移传感器　（c）光电式转速传感器

图2-7　机械故障诊断常用的传感器

2.3.2　一号故障模拟平台及数据获取

1. 实验台结构

如图2-8所示，本实验台主要由电机、联轴器、转子盘、轴系、轴承座、齿轮箱、磁粉制动器和转矩/转速传感器、位移/加速度传感器、支架、加载装置、碰摩装置、底座等组成。

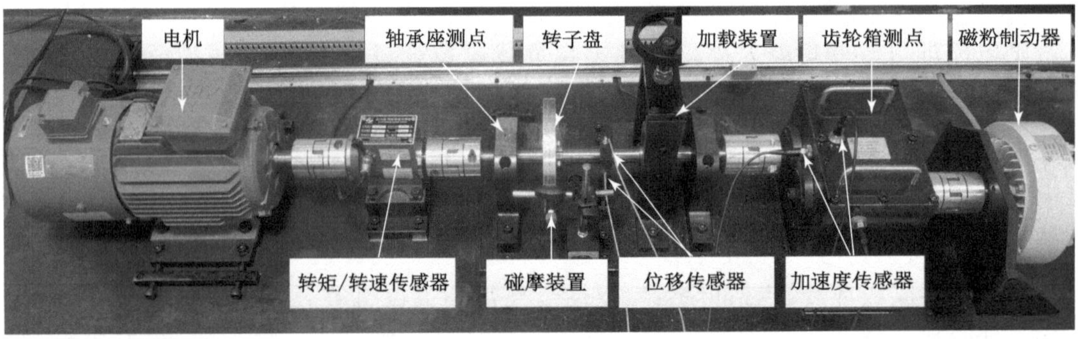

图2-8　电机-转子轴系-斜齿轮箱故障模拟实验台

（1）三相变频电机：系统动力源，负责驱动机械传动系统，最高转速3 000 r/min，转速可调；

（2）转矩/转速传感器：测量电机输出转矩和转速，以控制电机运行；

（3）加速度传感器：测量底座振动加速度，用于机械故障诊断；

（4）电涡流传感器：测量轴的振动位移，用于机械故障诊断；

（5）轴系：由滚动轴承支撑的轴，可模拟滚动轴承和轴的故障；

（6）平行轴齿轮箱：用于减速传动，采用斜齿轮可模拟斜齿轮或轴承故障；

(7) 磁粉制动器：用于模拟负载，调节其电流可改变负载大小。

2. 传感器选型和采集仪配置

针对上述实验平台，设置电机转速、负载，安装故障零件，即可对其进行传感器选型和采集仪配置。表 2-1 为可行的传感器选型和测点布置，表 2-2 为可行的采集仪参数配置。

表 2-1　传感器选型及测点布置

信号类型	传感器类型	传感器型号	传感器灵敏度	传感器测点布置
加速度	压电传感器	YMC141A100	X:10.02 mV/m/s^2 Y:10.02 mV/m/s^2 Z:10.91 mV/m/s^2	轴承座三向
		LW187484	0.103 V/g	齿轮箱轴向
		LW188195	0.103 V/g	齿轮箱径向
		YMC141A100	X:10.02 mV/m/s^2 Y:10.02 mV/m/s^2 Z:10.91 mV/m/s^2	齿轮箱三向
位移	涡流传感器	探头：OD900503-03-03-50-00 前置器：OD900500-50-10	4 V/mm	转子盘右侧水平径向
		探头：OD900503-03-03-50-00 前置器：OD900500-50-10	4 V/mm	转子盘右侧竖直径向

表 2-2　采集仪参数配置

采集参数	数值设置	备注
采样频率	20 480 Hz	
采样时长	4.8 s	6×0.8 s
采样点数	98304	
数据组数	10	

3. 故障模拟和数据获取

数据驱动的故障诊断研究重点在于故障数据的获取，如何设置故障是关键。通常，将正常零件作为对比项，故障件则根据不同需求有不同的方案。

实验工况设置时，考虑了空载和加载(25 N·m)，低速(700 r/min)、中速(1 400 r/min)和高速(2 100 r/min)等情况。本实验台中涉及转子或轴的故障类型为转子不平衡、转子不对中、转子碰摩等。滚动轴承故障类型为内圈故障、外圈故障、滚动体故障、保持架故障以及复合故障、全故障等。斜齿轮故障类型为齿面点蚀、齿面磨损、局部断齿、齿根裂纹等。此外，可进行压电式传感器安装螺纹松动故障的模拟。

2.3.3 二号故障模拟平台及数据获取

1. 实验台结构

如图 2-9 所示，本实验台主要由电机、行星齿轮箱、平行轴直齿轮箱、磁粉制动器和转速传感器、加速度传感器、采集仪、上位机等构成。

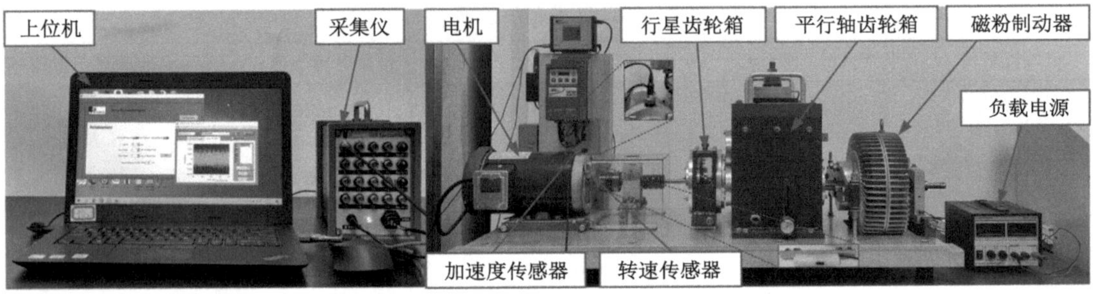

图 2-9 电机-行星齿轮箱-直齿轮箱故障模拟实验台

实验台的主要配置为：① 3 马力的三相变频电动机，转速无级可调，最高转速 1 500 r/min，可模拟电机故障，电机可更换；② 行星齿轮箱和平行轴直齿轮箱用于减速，可模拟其中齿轮、轴承、轴的故障；③ 16 通道便携式数据采集系统，24 位 ADC 分辨率，动态范围 0～102 dB，采样频率最高 102.4 kHz。

2. 传感器选型和采集仪配置

选用压电式加速度传感器，安装在电机输出端的壳体顶部竖直方向。利用电机输出端的光电式传感器测量电机实际转速。压电式传感器参数如表 2-3 所示。采集仪配置同上。

表 2-3 传感器选型及测点布置

信号类型	传感器类型	传感器型号	传感器灵敏度	传感器测点
振动加速度	压电式传感器	LW187482	0.103 V/g	电机输出端竖直方向

3. 故障模拟和数据获取

本实验台主要用于电机故障模拟，不同状态的电机通过人工更换。电机最高转速 3 000 r/min，磁粉制动器最大负载转矩 88.19 N·m。实验电机故障模式包括正常、轴承故障、转子不平衡和转子弯曲等，不同故障模式的实验电机样机如图 2-6 所示。

(1) 恒定转速＋恒定负载

保持转速及负载均恒定的情况下，设置 450 r/min、900 r/min、1 350 r/min、1 800 r/min、2 250 r/min 等转速，并在不同转速下设置空载(0 N·m)、轻载(17.26 N·m)、

中载(44.09 N·m)、重载(66.47 N·m)等负载，研究不同转速、不同负载情况下的电机故障诊断。

(2) 恒定转速＋变化负载

保持转速恒定的情况下，使负载周期性变化以观察定转速变负载工况下的故障诊断效果。相关转速和最大负载设置同上。

(3) 变化转速＋恒定负载

保持负载恒定的情况下，使转速逐渐增加以观察变转速定负载工况下的故障诊断效果。相关负载和最高转速设置同上。

第3章 机电传动系统振动信号图像变换方法

随着信息技术的飞速发展,图像处理和计算机视觉在机械工程领域的应用日益广泛。图像变换是将抽象的数值数据转化为可视化的图像,这种转换不仅提高了数据分析的直观性,还扩展了数据应用的可能性。在机械工程领域,图像可以用于设备状态监测和故障诊断。图像变换为机电传动系统的状态监测与故障诊断提供了一种不同于一维数据的全新视角和解决方案。本章将重点探讨机电传动系统振动数据的图像变换原理和实现方法。

3.1 振动信号的矩阵式图像变换方法

3.1.1 基本灰度图像变换方法

灰度图像(gray image,GI)是一种将振动信号切片拼接后组成的特征矩阵转换为灰度图像的振动图像映射方法,其原理如图 3-1 所示。

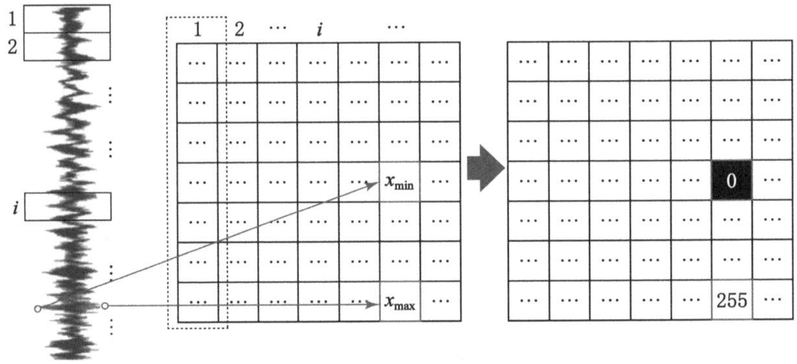

图 3-1 灰度图像的生成原理

首先将原始数据按固定点数固定步长进行切片，然后将切片数据按列拼接成特征矩阵，最后将特征矩阵元素转换为灰度值。灰度值范围为[0,255]，特征矩阵最大值和最小值分别对应 255 和 0，矩阵元素对应灰度值计算公式如式(3-1)所示。

$$G_{i,j}=255\times\frac{x_{i,j}-x_{\min}}{x_{\max}-x_{\min}} \tag{3-1}$$

式中，i、j 为特征矩阵元素对应的行、列，$G_{i,j}$ 为特征矩阵中元素 $x_{i,j}$ 所对应的灰度值，$x_{\max}$ 为振动参量最大值，$x_{\min}$ 为振动参量最小值。

3.1.2　灰度纹理图像变换方法

灰度纹理图像(gray texture image，GTI)在上述普通灰度图像上进行了改进，进一步增强了灰度图像的纹理特征，其生成原理如图 3-2 所示。

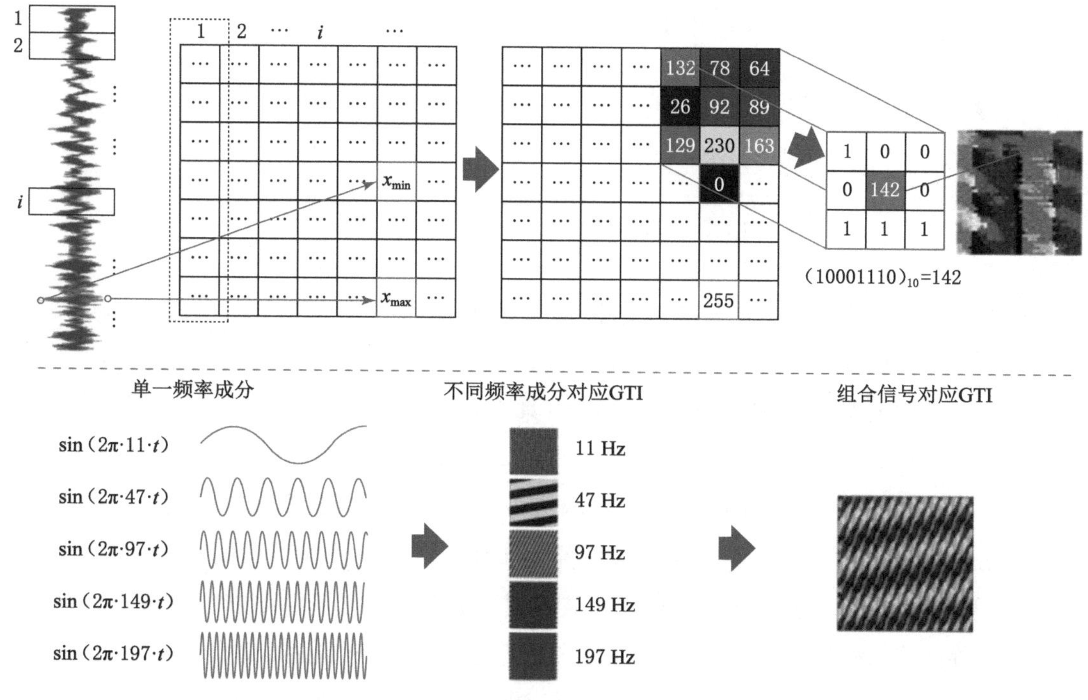

图 3-2　灰度纹理图像的生成原理

灰度纹理图像与灰度图像的最大区别是增加了局部二值化(local binary pattern，LBP)处理。LBP 是一种描述图像局部纹理特征的算子。在一个 3×3 窗口内，将周围点像素与中心点像素进行比对。若周围像素值大于或等于中心像素值，则记为 1，否则记为 0。LBP 的计算过程如式(3-2)、式(3-3)所示。

$$\mathrm{LBP}(x_c,y_c)=\sum_{p=0}^{P-1}2^p s(i_p-i_c) \tag{3-2}$$

$$s(x)=\begin{cases}1, x\geqslant 0\\0, x<0\end{cases} \tag{3-3}$$

式中，i_c 为中心点像素值，i_p 为某一周围点像素值，$LBP(x_c, y_c)$为经 LBP 算子处理后的中心点 LBP 值。

3.1.3 改进灰度纹理图像变换方法

上述 LBP 算子直接使用中心点像素的灰度值作为阈值，对噪声比较敏感。如图 3-3所示，当中心点像素值受到噪声影响而降低时，最终 LBP 值会发生改变。可见，当采用中心点像素值作为阈值时，噪声对其结果影响较大。

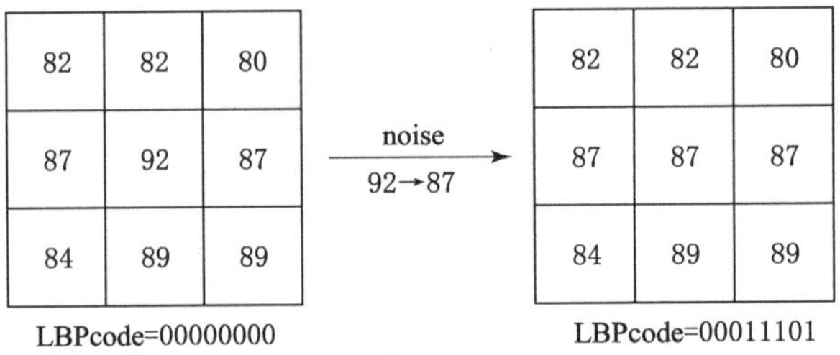

图 3-3 噪声对局部二值化的影响示例

RLBP(robust LBP)是一种描述图像局部纹理特征的改进算子。相较于原始 LBP，RLBP 引入了加权局部灰度值(weighted local gray level，WLGL)代替中心像素灰度值，并调整中心像素对阈值选取的权重，对噪声具有较强的鲁棒性。为了适应不同尺度纹理特征，并达到灰度和旋转不变性要求，将 3×3 区域矩形算子改为圆形算子，圆形 LBP 算子在捕捉纹理细节和局部结构方面表现更好，能捕捉纹理的旋转对称性和局部纹理模式变化。圆形 LBP 算子 $LBP_{(P,R)}$ 可计算不同半径邻域大小和不同像素点数的特征值，其中 P 表示周围像素点数，R 表示邻域半径，可将原来方形邻域扩展成圆形，对未落在整数位置的点，根据邻域内离其最近两个整数位置，用双线性插值计算其灰度值。对阈值的选取，为了找到对噪声不敏感、对单调灰度变换不改变的阈值，RLBP 定义了 WLGL，如式(3-4)所示。

$$\mathrm{WLGL}=\frac{\sum_{i=1}^{8} g_i+\partial g_c}{8+\partial} \tag{3-4}$$

式中，g_c 为中心像素灰度值；g_i 为半径为 R 的圆上相邻像素灰度值；∂可自行设定，∂越大则中心阈值所占比重越大。

计算完阈值后，使用 RLBP 描述图像纹理特征。RLBP 定义如式(3-5)所示，改进的灰度纹理图像转换过程如图 3-4 所示。

$$\mathrm{RLBP}_{(P,R)} = \sum_{p=0}^{P-1} s(g_p - \mathrm{WLGL})2^P = \sum_{p=0}^{P-1} s\left(g_p - \frac{\sum_{i=1}^{8} g_i + \partial g_c}{8+\partial}\right)2^P \tag{3-5}$$

式中，$p=0,1,\cdots,P-1$。

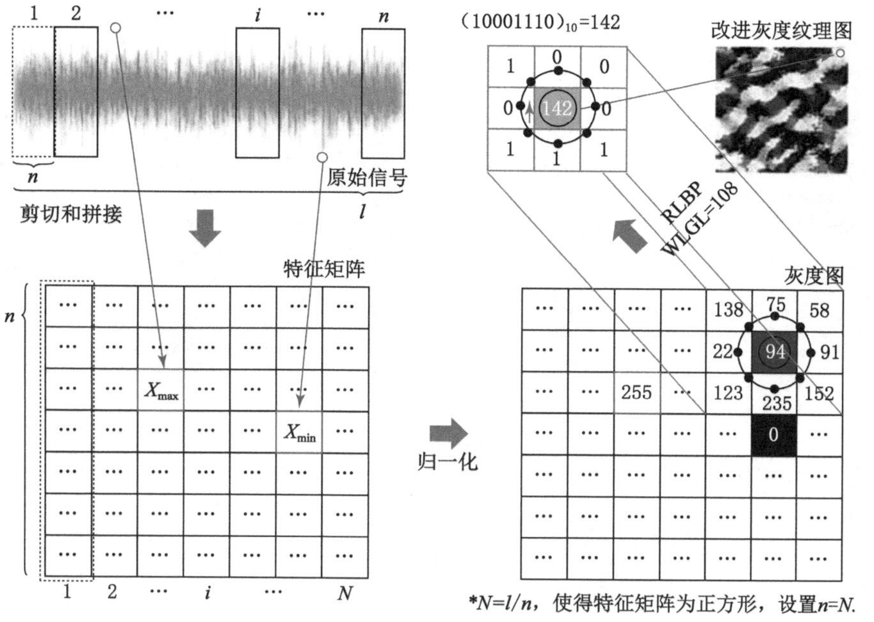

图 3-4 改进的灰度纹理图像转换过程

3.1.4 VMD-GTI 图像变换方法

变分模态分解-灰度纹理图像（variational mode decomposition-gray texture image，VMD-GTI）是将振动信号进行 VMD 分解，并选择特定模态进行信号重构，再将重构信号转换为二维图像。VMD-GTI 转换原理如图 3-5 所示。

变分模态分解（variational mode decomposition，VMD）是一种自适应信号分解方法，其目标是找到若干个模态函数，使每个模态的带宽最小。带宽最小化通过式(3-6)实现。

$$\min_{u_k,\omega_k}\left\{\sum_{k=1}^{K}\left\| \partial_t\left[\left(\delta(t)+\frac{\mathrm{j}}{\pi t}\right)\cdot u_k(t)\right]\mathrm{e}^{-\mathrm{j}\omega_k t}\right\|_2^2\right\} \tag{3-6}$$

式中，$u_k(t)$是第 k 个模态函数，ω_k是第 k 个模态的中心频率，∂_t是时间导数，$\delta(t)$是狄拉克函数，j 是虚数单位。

引入对偶拉格朗日乘子和约束条件，得到式(3-7)。

$$L(u_k,\omega_k,\lambda) = \alpha\sum_{k=1}^{K}\left\| \partial_t\left[\left(\delta(t)+\frac{\mathrm{j}}{\pi t}\right)\cdot u_k(t)\right]\right\|_2^2 + \left\| f(t) - \sum_{k-1}^{K} u_k(t)\right\|_2^2 +$$

$$\langle \lambda(t), f(t) - \sum_{k=1}^{K} u_k(t) \rangle \tag{3-7}$$

式中，$f(t)$是输入信号，α 是每个模态初始中心约束强度，$\| \ \|_2$ 是 2-范数，$\lambda(t)$是拉格朗日乘子。

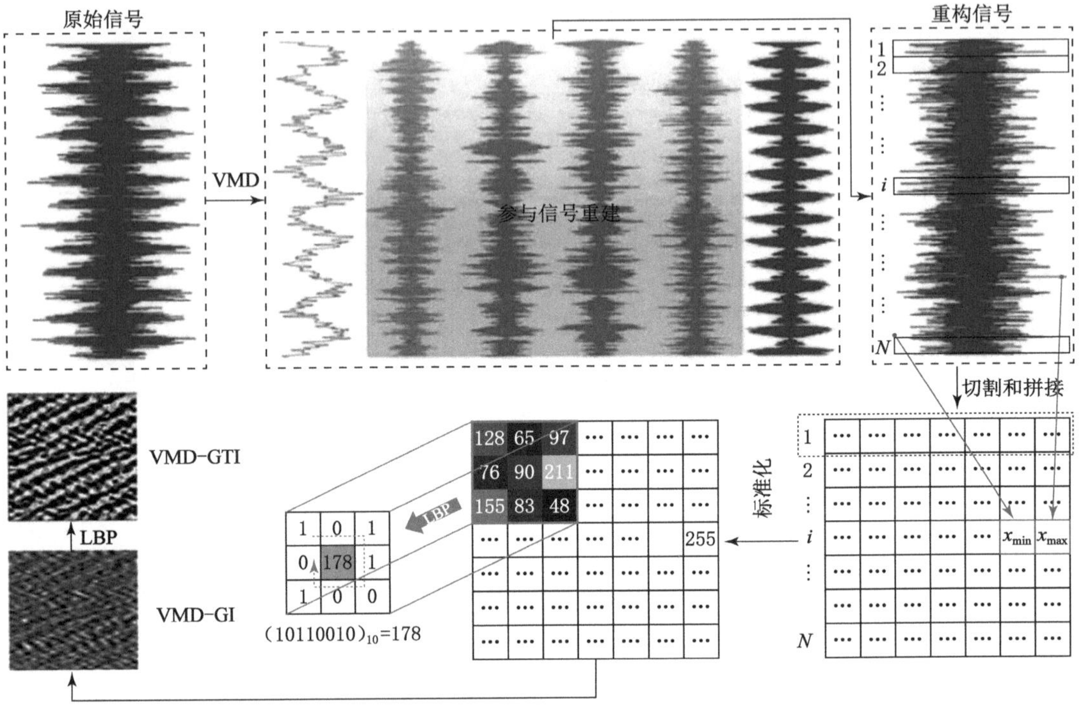

图 3-5　变分模态分解-灰度纹理图像转换原理

通过设置每个模态的傅里叶变换系数、中心频率及拉格朗日乘子初始值，进行迭代更新，直至模态函数的变化小于设定阈值，停止迭代。傅里叶变换系数、中心频率及拉格朗日乘子的更新如式(3-8)所示。

$$\hat{u}_k^{(n+1)} = \frac{\hat{f} - \sum\limits_{i \neq k} \hat{u}_i^{(n)} + \dfrac{\hat{\lambda}}{2}}{1 + \alpha\,(\omega - \omega_k^{(n)})^2} \tag{3-8}$$

式中，$\hat{u}_k^{(n+1)}$ 是第 k 个模态在第 $n+1$ 次迭代时的傅里叶系数，$\hat{f}$ 是输入信号的傅里叶变换，$\hat{\lambda}$ 是拉格朗日乘子的傅里叶变换，ω 是频率序列，$\omega_k^{(n)}$ 是第 k 个模态在第 n 次迭代时的中心频率。

中心频率的更新如式(3-9)所示。

$$\omega_k^{(n+1)} = \frac{\sum\limits_{\omega} \omega \mid \hat{u}_k(\omega) \mid^2}{\sum\limits_{\omega} \mid \hat{u}_k(\omega) \mid^2} \tag{3-9}$$

式中，$\sum_{\omega} \omega \mid \hat{u}_k(\omega) \mid^2$ 是频率加权的模态傅里叶系数的平方和，$\sum_{\omega} \mid \hat{u}_k(\omega) \mid^2$ 是模态傅里叶系数的平方和。

拉格朗日乘子的更新如式(3-10)所示。

$$\lambda^{(n+1)} = \lambda^{(n)} - \tau(f - \sum_{k=1}^{K} u_k) \tag{3-10}$$

式中，$\lambda^{(n+1)}$ 是第 $n+1$ 次迭代时的拉格朗日乘子，τ 是对偶项的梯度下降学习率，f 是输入信号，$\sum_{k=1}^{K} u_k$ 是所有模态的总和。

将原始振动信号分解为 n 个固有模态函数(intrinsic mode function，IMF)，选择第 2 至 $n-1$ 个 IMF 进行信号重构，重构信号按一定点数裁剪、拼接，转换为特征矩阵，再将矩阵中元素归一化至[0，255]，每个元素值转换为灰度图像素值，得到振动信号的 VMD-GI。

3.1.5　格拉姆角场图像变换方法

格拉姆角场(gramian angular field，GAF)是一种基于时间序列的特征提取方法。GAF 图像编码将笛卡尔坐标系下的信号转换到极坐标下表示，进而实现一维时间序列信号到二维图像的转换。具体过程如下：

(1) 对时间序列数据 $\boldsymbol{X}=\{x_1, x_2, \cdots, x_n\}$ 进行归一化，将幅值转到[-1，1]，如式(3-11)所示：

$$\tilde{x}_i = \frac{(x_i - \max(\boldsymbol{X})) + (x_i - \min(\boldsymbol{X}))}{\max(\boldsymbol{X}) - \min(\boldsymbol{X})} \tag{3-11}$$

式中，x_i 为时间序列数据的第 i 个实测值，$\tilde{x}_i$ 为归一化后时间序列数据的第 i 个元素。

(2) 将归一化后元素值通过计算转换为夹角余弦值，时间戳看作半径，进而将缩放后的时间序列数据由笛卡尔坐标系转换到极坐标系。极坐标中极角和极径计算公式如式(3-12)所示：

$$\begin{cases} \varphi_i = \arccos(\tilde{x}_i), -1 \leqslant \tilde{x}_i \leqslant 1 \\ r_i = \dfrac{t_i}{N}, t_i \in N \end{cases} \tag{3-12}$$

式中，$\tilde{x}_i$ 为归一化后时间序列数据的第 i 个元素；φ_i 为 $\tilde{x}_i$ 对应的极角；t_i 为时间序列数据第 i 个实测值对应的时间戳；N 为调整极坐标系跨度的常数因子；r_i 为时间序列数据第 i 个实测值对应的极径。

(3) GAF 的每个时间点之间的相关性用三角函数和与三角函数差表示，在编码时通过计算余弦函数的角度和与正弦函数的角度差完成格拉姆和场(gramian angula summation fields，GASF)与格拉姆差场(gramian angula difference fields，GADF)编码图的构建。GASF 与 GADF 矩阵计算如式(3-13)和式(3-14)所示：

$$\mathrm{GASF}=\begin{bmatrix}\cos(\phi_1+\phi_1) & \cdots & \cdots & \cos(\phi_1+\phi_n)\\ \vdots & \ddots & ⋰ & \vdots \\ \vdots & ⋰ & \ddots & \vdots \\ \cos(\phi_n+\phi_1) & \cdots & \cdots & \cos(\phi_n+\phi_n)\end{bmatrix} \tag{3-13}$$

$$\mathrm{GADF}=\begin{bmatrix}\sin(\phi_1-\phi_1) & \cdots & \cdots & \sin(\phi_1-\phi_n)\\ \vdots & \ddots & ⋰ & \vdots \\ \vdots & ⋰ & \ddots & \vdots \\ \sin(\phi_n-\phi_1) & \cdots & \cdots & \sin(\phi_n-\phi_n)\end{bmatrix} \tag{3-14}$$

图 3-6 为 50 Hz、100 Hz、200 Hz 余弦信号由一维时间序列到二维格拉姆图像的转换过程，三种信号的采样频率为 50 000 Hz，采样时长 0.02 s，每个信号均采样 1 000 个点，由 1 000×1 000 的格拉姆矩阵得到 GASF 与 GADF 图像。三个信号的周期分别为 0.02 s、0.01 s、0.005 s，因此在采样时长为 0.02 s 情况下，三个信号分别包含 1、2、4 个周期，且单周期内包含的采样点数分别为 1 000、500、250。

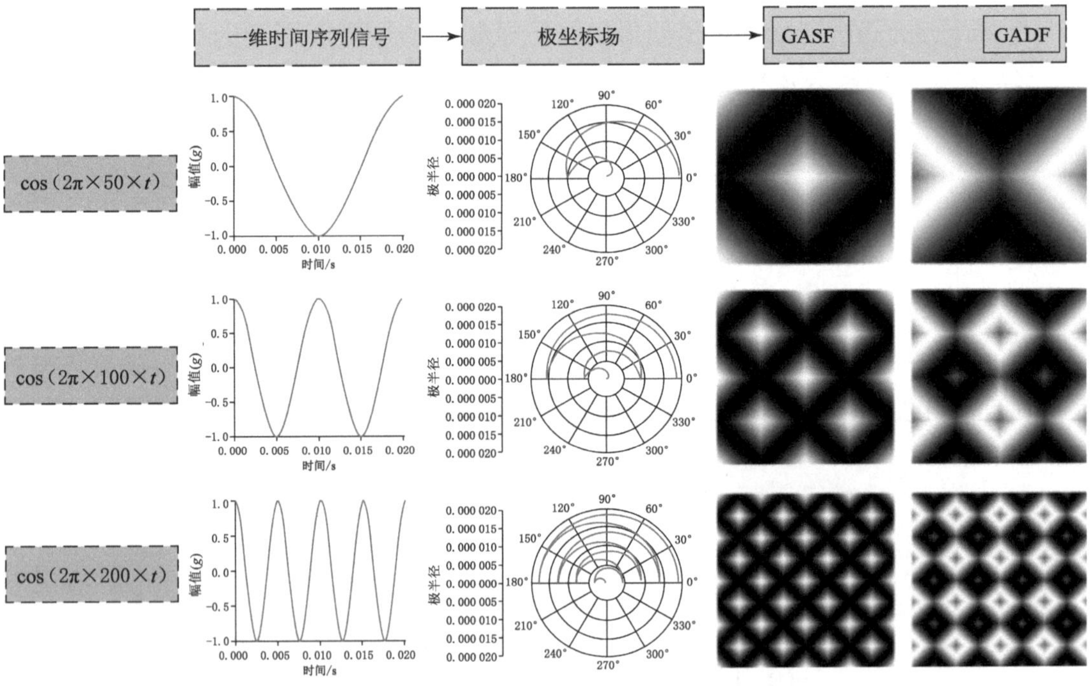

图 3-6　不同频率余弦信号的格拉姆角场编码过程示意图

为了揭示不同频率解析信号由一维时间序列到二维格拉姆图像转换规律，图 3-7 给出了单周期内一维时间序列到格拉姆图像的转换原理。

对单周期余弦信号，有 5 个特殊点，分别为 0、π/2、π、3π/2、2π，对应函数值为 1、0、

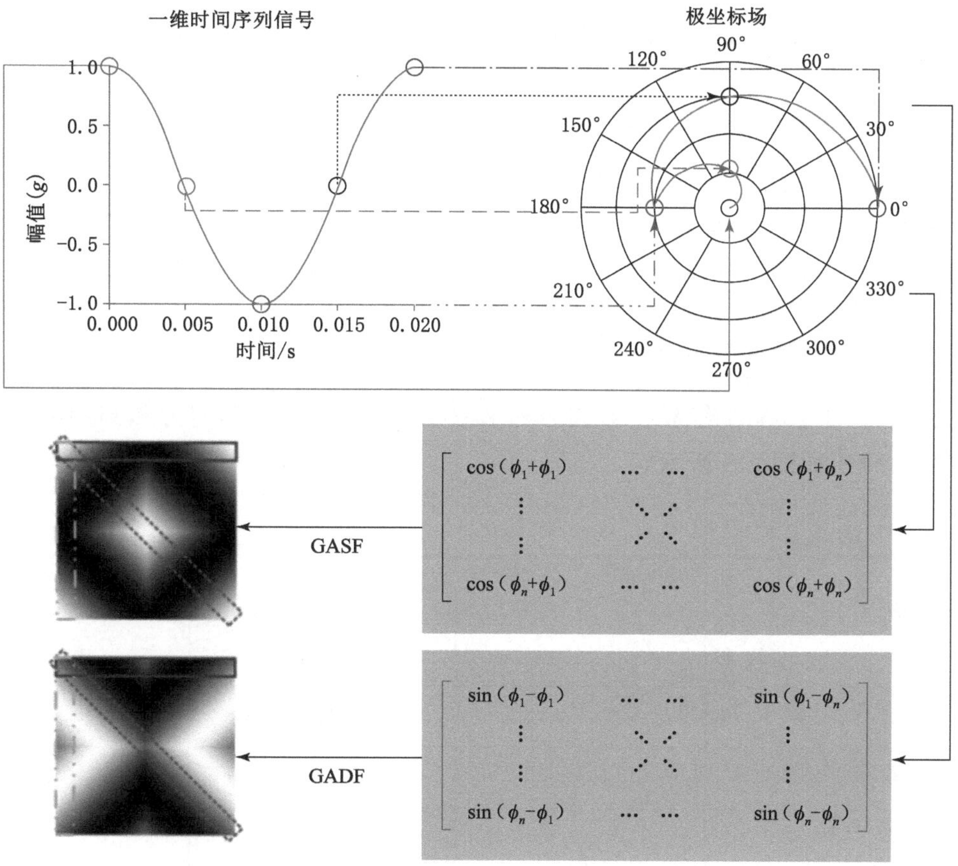

图 3-7　一个周期内余弦信号到格拉姆图像的变换规律示意图

—1、0、1。随着时间戳增加，每个点对应极径增加。在[—1,1]之间反余弦函数为单调函数，因此极角呈周期性变化。极坐标中极径对应直角坐标中的时间，极角对应幅值，转换后极坐标图像呈波纹状向外扩散且保留了直角坐标系中时间与幅值信息。图 3-6 中三个解析信号的周期数分别为 1、2、4，其对应极坐标图像分别会重复图 3-7 变化规律 1、2、4 次，呈现在图中即波纹密度。

由格拉姆矩阵计算公式可得 GASF 与 GADF 图像并将其映射为灰度形式，其中最大像素值被映射为白色，最小像素值为黑色。在一个周期内，GASF 图像第一列与第一行像素点均由最大值变化到中间值，再由中间值变化到最小值，接着由最小值变化到中间值，最后由中间值变化到最大值。正对角线的像素值由最大值变化到最小值，再由最小值变化到最大值，到图像中心点为最大值，接着又由最大值变化到最小值，最后由最小值变化到最大值，且 GASF 图像的像素点数值关于正对角线对称。在一个周期内，GADF 图像第一列像素点由中间值变化到最大值，再由最大值变化到中间值，接着由中间值变化到最大值，最后由最大值变化到中间值。第一行像素由中间值变化到最小值，再由最小值变化到中间值，接着由中间值变化到最大值，最后由最大值变化到中间值。正对角线元素均为 0，对应像素点为中间值，且 GADF 图像的像素点数值关于正对角线反对称。

由计算公式可知，格拉姆角场描述了点和点之间的自相关和互相关信息。图 3-6 中 50 Hz 的余弦信号重复图 3-7 中单周期格拉姆图像 1 次，100 Hz 重复 4 次，200 Hz 则重复 16 次。因此，在采样频率与采样时间一定的情况下，不同频率的一维时间序列数据转化为格拉姆图像，其纹理密度不同且相同时间段内所包含的特征信息量不同。

3.1.6 信息融合格拉姆角场图像变换方法

斜齿轮由于自身结构特点，在传动过程中分别受径向力、轴向力和圆周力三个作用力，其受力分析如图 3-8 所示。

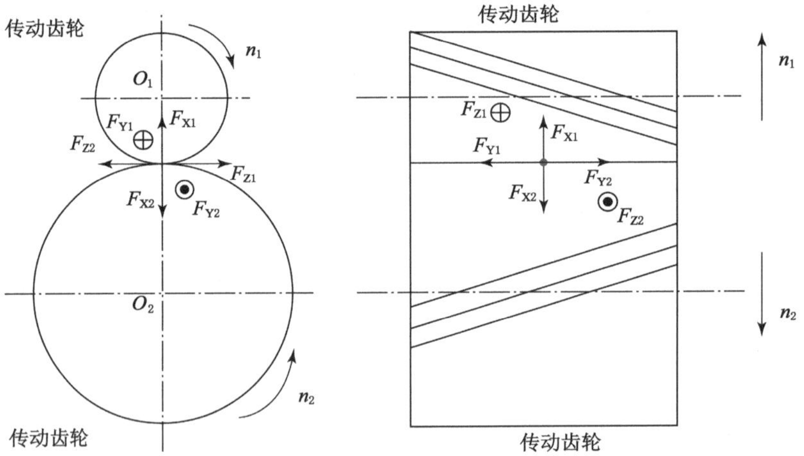

图 3-8　斜齿轮受力分析

O_1 和 O_2 分别表示主动轮和从动轮中心，n_1 和 n_2 分别表示主动轮和从动轮转向，F_{X1} 和 F_{X2} 分别表示主动轮和从动轮所受径向力，F_{Y1} 和 F_{Y2} 分别表示主动轮和从动轮所受轴向力，F_{Z1} 和 F_{Z2} 分别表示主动轮和从动轮所受圆周力。由于斜齿轮有三个方向的作用力，故单一方向激发的振动信号无法完整描述斜齿轮运行状态。为此，进一步提出三个方向振动信息融合的 GAF 图像生成方法。

以 700 r/min、25 N·m 工况下正常斜齿轮的三个方向振动加速度信号为例，信息融合过程如图 3-9 所示。

X 通道代表水平径向，Y 通道代表轴向，Z 代表竖直径向，三个方向振动分别对应斜齿轮的径向力、轴向力和圆周力。三个方向的一维时序信号经过分段聚合近似(piecewise aggregation approximation，PAA)得到 GASF 与 GADF 图像，再利用 RGB 图像特点将 X 通道信号输入 RGB 图像的 R 通道，Y 通道信号输入 RGB 图像的 G 通

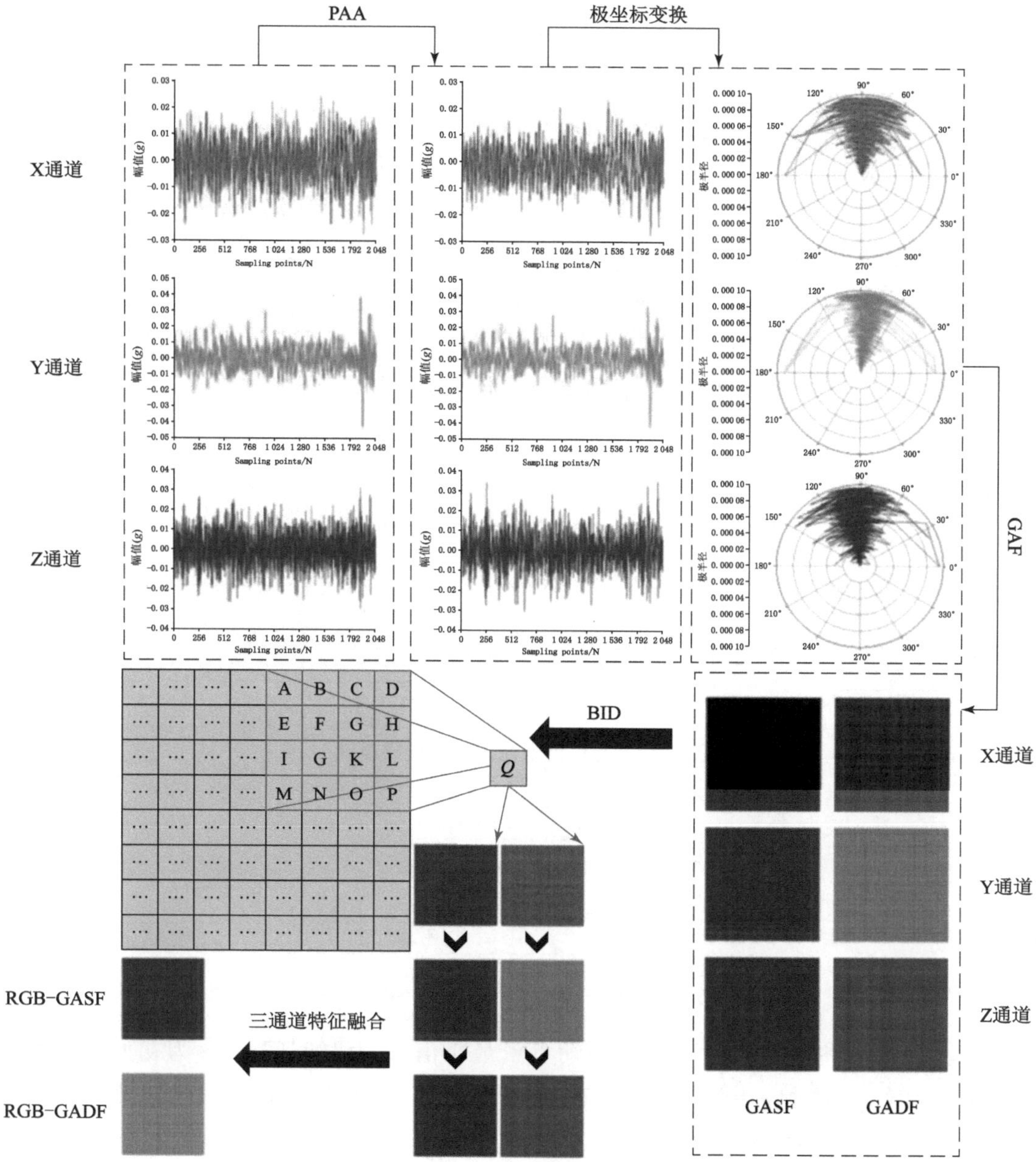

图 3-9 三方向振动信息融合的 GAF 图像生成过程示意图

道,Z 通道信号输入 RGB 图像的 B 通道,则三个信号融合到一张 RGB 图像中,最后将 RGB-GAF 图像通过双三次插值下采样(bicubic interpolation downsampling,BID)至 256×256。多通道传感器信息融合的图像在保留单通道图像纹理信息的同时注入了色彩信息,不仅纹理对比更加明显,而且弥补了单通道图像信息量不足的缺点。

3.2 振动信号的极坐标式图像变换方法

3.2.1 对称极坐标图像变换方法

对称极坐标图像(symmetrical polar coordinates image,SPCI)原理如图 3-10 所示,$\gamma(i)$为极坐标半径,$\alpha(i)$、$\beta(i)$为逆、顺时针沿初始线的转角。其原理是在信号离散化采样序列中,设 i 时刻振动参量为 x_i,$i+a$ 时刻振动参量为 x_{i+a},代入式(3-15)、式(3-16)、式(3-17),可转化为极坐标空间 $P[\gamma(i),\alpha(i),\beta(i)]$中的点,通过改变初始线的转角,振动信号即可形成极坐标下的镜面对称图像。

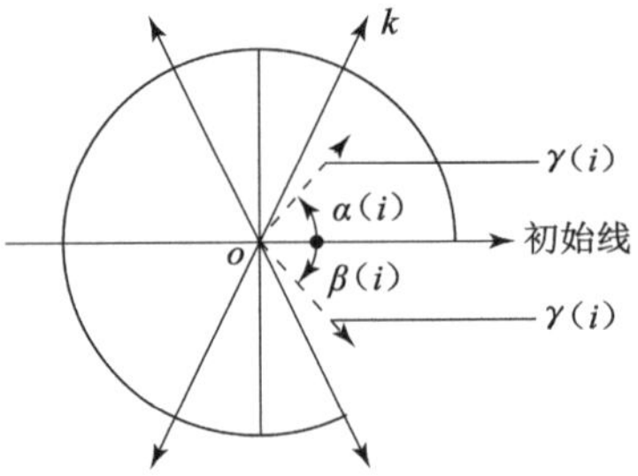

图 3-10 对称极坐标图像的变换原理

$$\gamma(i)=\frac{x_i-x_{\min}}{x_{\max}-x_{\min}} \tag{3-15}$$

$$\alpha(i)=\varphi+\frac{x_{i+a}-x_{\min}}{x_{\max}-x_{\min}}b \tag{3-16}$$

$$\beta(i)=\varphi-\frac{x_{i+a}-x_{\min}}{x_{\max}-x_{\min}}b \tag{3-17}$$

式中,$x_{\max}$为振动参量最大值,$x_{\min}$为振动参量最小值,a 为时间间隔,φ 为初始线转角,b 为角度放大系数,常取 $\varphi=60°$,$a=3\sim10$,$b=20°\sim60°$。通过调节 SPCI 分辨率参数 a 与 b,获取具有高分辨率的图像,生成 SPCI 样本。

3.2.2 非对称极坐标图像变换方法

针对数据在振动图像中的特征表现方式,提出一种基于角度自适应分配的极坐标图像(EMD-angle adaptive distribution of polar coordinates image,EMD-AADPCI)生成算法,通过引入特征强化因子,对不同旁瓣分量进行特征增强。此处特征强化因子在振动图像生成算法中指角度放大系数,即通过对各旁瓣分配不同角度值,在各旁瓣上使其产生形状改变,如旁瓣的扭曲、分散与收敛等。在引入角度放大系数前,考虑振动图像旁瓣的形变会使相邻旁瓣产生干涉,将每组旁瓣中两个支瓣设定为 1 个。EMD-AADP-

CI 算法的原理如图 3-11 所示。

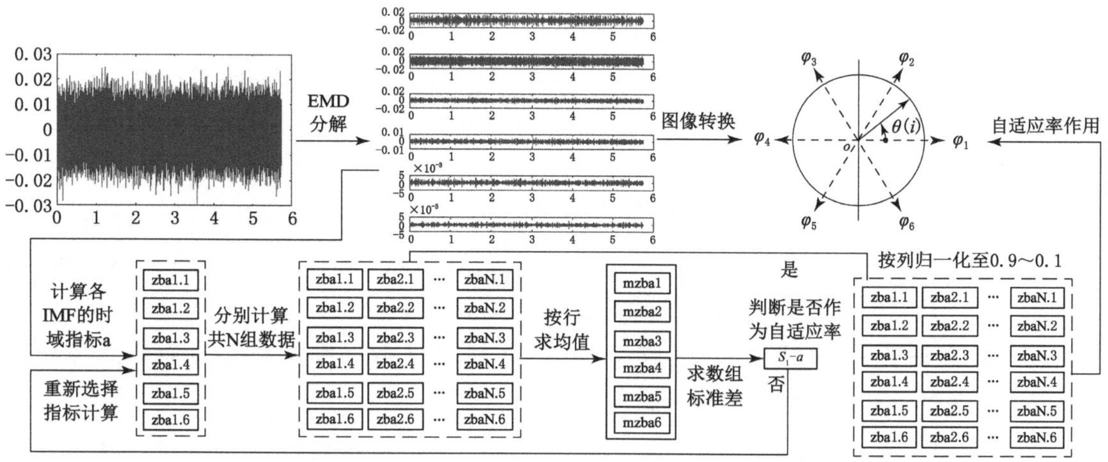

图 3-11 基于角度自适应分配的极坐标图像算法原理示意图

EMD-AADPCI 算法的实施过程如下：

(1) 数据段划分：将振动信号数据集进行数据段落划分，即将每一类故障状态的数据集划分为 N 段，其中第 i 段表示为 N_i，每一段数据的长度为 n。

(2) EMD 分解：对第 i 段数据进行 EMD 分解，得到若干组经验模态分量 IMF，依次计算每一组 IMF 与第 i 段数据的相关性，并按照相关性由高到低排列，取前 6 组 IMF 进行叠加得到降噪后的数据段，依次对 N 组数据段分别进行降噪处理得到数据 DN_i，所述前 6 组 IMF 分别为 IMF1～IMF6，取前几组根据具体情况而定，6 是常用参数。

(3) 计算(2)中各 IMF 的时域指标区分率：对 N 组 DN_i 经 EMD 分解得到 6 组 IMF，分别计算每组 IMF 的时域指标，分别为 IMF 数据的最大值、最小值、平均值、峰峰值、方差、峭度、波形因子、峰值因子、脉冲因子与裕度因子，时域指标中包含 6 项 IMF 的时域指标，分别求 N 个 IMF1～IMF6 时域特征值的平均值得到时域指标向量，再计算该向量的标准差，将其定义为不同状态下数据各 IMF 对应时域指标的区分率。图 3-11 以指标 a 为例进行说明，zba1.1～zba1.6 分别代表第 1 段数据每组 IMF 所对应的指标值，mzba1～mzba6 分别代表该状态数据的指标均值，对其求标准差得到 S_1-a，代表 IMF1～IMF6 特征值的区分程度，其值越大则区分度越大，反之越小，取区分度最大的时域指标并返回该时域指标所对应的各组数据指标值作为角度自适应率 adp。

(4) EMD-AADPCI 振动图像生成：将(3)中 IMF1～IMF6 依次进行 AADPCI 图像转换，如 IMF1 转换得到极坐标点 $P1(\theta(i),\gamma(i))$。

$$\theta(i)=\varphi+\frac{x_{i+a}-x_{\min}}{x_{\max}-x_{\min}}\cdot \text{adp}\cdot b \tag{3-18}$$

$$\gamma(i)=\frac{x_i-x_{\min}}{x_{\max}-x_{\min}} \tag{3-19}$$

式中，$\theta(i)$与$\gamma(i)$分别为第i个数据点在极坐标中对应的角度与半径值；$x_{\max}$为振动参量最大值；$x_{\min}$为振动参量最小值；a为时间间隔；x_i为第i个振动参量值；x_{i+a}为第$i+a$个振动参量值，取值范围3～10；adp为角度自适应率，其定义为：将(3)中IMF1～IMF6所对应时域指标平均值数据进行归一化，得到向量[adp1～adp6]，[adp1～adp6]依次对应IMF1～IMF6的角度自适应率，其值越大，对应IMF将分配更大的角度因子，从而实现6个IMF在极坐标上不同程度的分布；b为角度放大系数，取π/90；φ为初始偏转角度，其中IMF1～IMF6分别对应初始偏转角为0°、60°、120°、180°、240°与300°。

(5) 样本集划分：将经过(4)生成的EMD-AADPCI振动图像按照对应的故障状态进行划分，得到训练集、验证集与测试集。

经过上述步骤即可获得EMD-AADPCI振动图像。将振动数据集使用该算法进行转换得到振动图像样本，生成振动图像特征量化过程如图3-12所示，即通过对该样本中6组旁瓣的分布进行数据标定实现特征量化，进而表征不同样本间差异性。图3-12中EMD-AADPCI图像外侧的圈与线是为了方便观察各个分量差异程度绘制的标定；红色虚线用来测量一个旁瓣分量所占角度范围，测量值为A、B、C、D、E、F，为便于数据统计，将角度范围小于5°的分量近似为0°；蓝色虚线用来测量一个旁瓣中心距离极坐标起始线的角度，测量值为a、b、c、d、e、f。

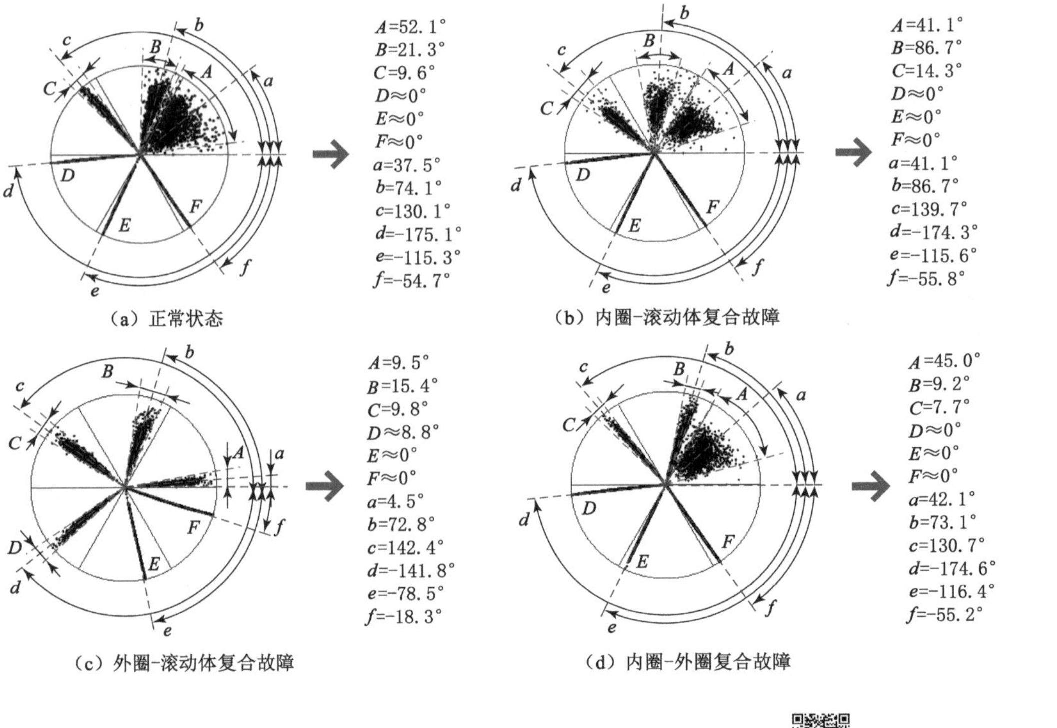

(a) 正常状态　(b) 内圈-滚动体复合故障

(c) 外圈-滚动体复合故障　(d) 内圈-外圈复合故障

图3-12　基于角度自适应分配的振动图像特征量化示意图

3.2.3　信息融合极坐标图像变换方法

为了改善极坐标振动图像样本的特征表现能力，在 EMD-AADPCI 图像基础上，提出一种信息融合 EMD-AADPCI 振动图像（information fusion EMD-AADPCI，IF-EMD-AADPCI）生成算法，其原理图如图 3-13 所示。

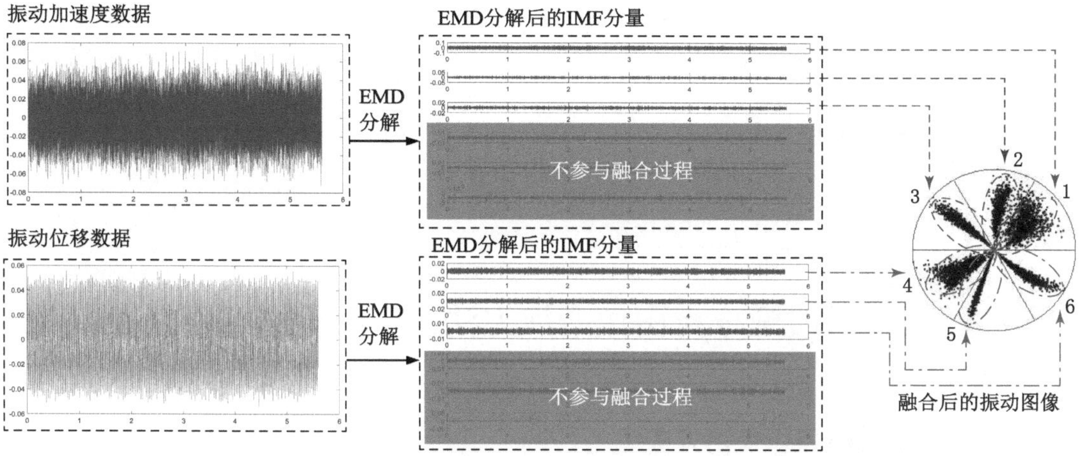

图 3-13　信息融合的极坐标振动图像生成原理示意图

IF-EMD-AADPCI 振动图像生成算法可在振动加速度数据基础上，引入振动位移数据，获取前 3 组经验模态分量 IMF1、IMF2、IMF3，根据 EMD-AADPCI 转换原理将振动加速度与位移数据进行信息融合，得到 IF-EMD-AADPCI 振动图像。为验证 IF-EMD-AADPCI 振动图像生成算法的有效性，将滚动轴承-转子复合故障的振动加速度与振动位移数据使用 IF-EMD-AADPCI 算法进行转换，将得到的振动图像进行特征量化，得到振动图像的特征量化图，如图 3-14 所示。

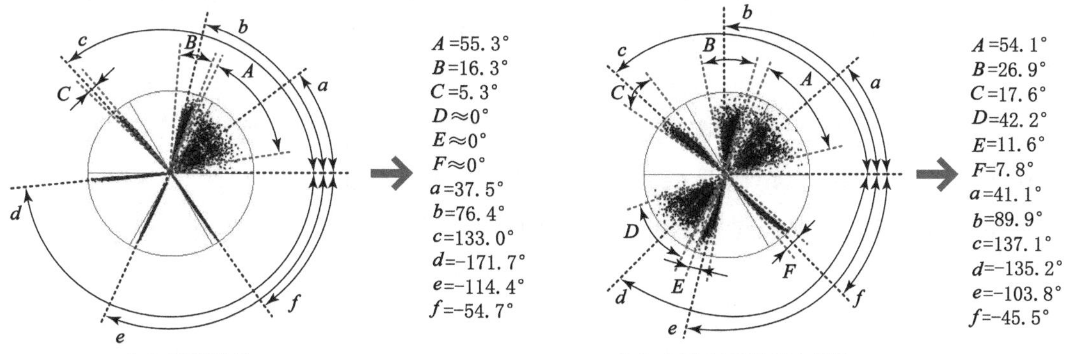

（a）正常状态　　（b）内圈-转子体复合故障

图 3-14　多零件复合故障的多振动信息融合的振动图像特征量化示意图

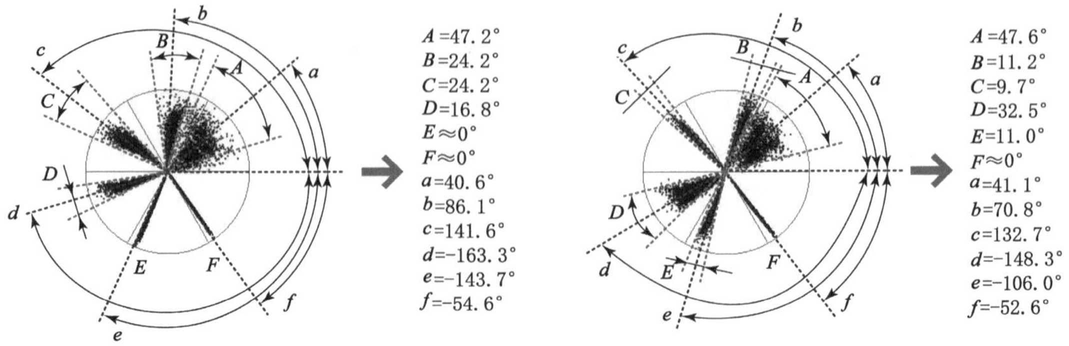

(c) 外圈-转子体复合故障　　(d) 滚珠-转子复合故障

图 3-14 (续)

3.3 振动信号的时频分析图像变换方法

3.3.1 经验模态分解图像变换方法

经验模态分解(empirical mode decomposition,EMD)可将信号分解为相互独立的一系列具有不同时间尺度的模态函数之和,每个固有模态函数为一个单分量信号。对任一信号 $x(t)$,首先确定 $x(t)$ 上所有极值点,然后用三阶样条插值得到信号 $x(t)$ 上包络线 $x_{\max}(t)$ 和下包络线 $x_{\min}(t)$,记 m(t) 为上下包络线的平均值,$h(t)$ 为 $x(t)$ 与 $m(t)$ 的差,则:

$$m(t) = [x_{\max}(t) + x_{\min}(t)]/2 \tag{3-20}$$

$$h(t) = x(t) - m(t) \tag{3-21}$$

将 $h(t)$ 视为新的 $x(t)$,重复以上操作,直至 $h(t)$ 满足一定的条件,如重复操作前后的 $h(t)$ 变化足够小时,记 $\text{imf}_1 = h(t)$,imf_1 即为一个 IMF,再作:

$$r_1(t) = x(t) - \text{imf}_1 \tag{3-22}$$

将 $r_1(t)$ 视为新的 $x(t)$,重复以上过程,依次得到第 2 个 IMF,第 3 个 IMF,……,第 n 个 IMF。当 imf_n 或 $r_n(t)$ 满足给定的停止条件,如分解出的 IMF 或 $r_n(t)$ 足够小或 $r_n(t)$ 成为单调函数时,筛选过程终止,得到分解式:

$$x(t) = \sum_{i=1}^{n} \text{imf}_i + r_n(t) \tag{3-23}$$

式中,$r_n(t)$ 为残余函数,代表信号平均趋势。

将一维振动数据按每段 400 个采样点进行截取,将数据依次进行 EMD 分解,提取 IMF 分量中的前 6 组,按顺序依次排布为 6 个波形曲线,如图 3-15 所示。在图像转换过程中,为了将每个 IMF 分量的起伏状态表现出来,采用自适应调节方式设置纵坐标,即

分别获取第 i 个信号段中绝对值最大振幅 A_i，再将绘图框纵坐标范围设置为 $-A_i \sim A_i$，其好处是能展现 IMF 分量的完整形态，并使 IMF1～IMF6 各分量之间形成视觉对比，强化样本特征差异。图 3-15 展示了包含坐标框与刻度值的图像样本，在模型训练时去除坐标框及刻度。

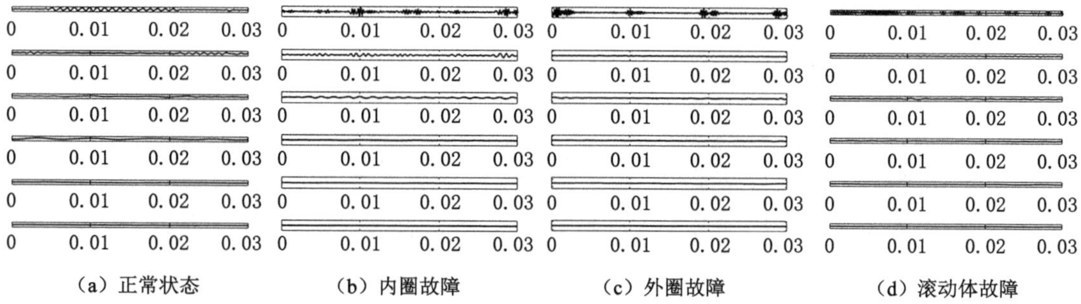

图 3-15　基于 EMD 的振动图像生成结果

3.3.2　EMD-PWVD 图像变换方法

维格纳分布(Wigner-Ville distribution，WVD)是一类双线性时频分布，被定义为信号中心协方差函数的傅里叶变换。对连续时间信号 $x(t)$，其维格纳分布为：

$$W_x(t,f) = \int_{-\infty}^{\infty} x\left(t+\frac{\tau}{2}\right)x^*\left(t-\frac{\tau}{2}\right)\mathrm{e}^{-\mathrm{j}2\pi f\tau}\mathrm{d}\tau \tag{3-24}$$

式中，t 为时域变量，f 为频域变量，$x^*\left(t-\frac{\tau}{2}\right)$为 $x\left(t+\frac{\tau}{2}\right)$的共轭转置。

对信号 $x(t)=x_1(t)+x_2(t)$，其维格纳分布为：

$$W_x(t,f) = W_{x_1}(t,f) + W_{x_2}(t,f) + 2\mathrm{Re}[W_{x_1,x_2}(t,f)] \tag{3-25}$$

$$W_{x_1,x_2} = \int_{-\infty}^{\infty} x_1\left(t+\frac{\tau}{2}\right)x_2^*\left(t-\frac{\tau}{2}\right)\mathrm{e}^{-\mathrm{j}2\pi f\tau}\mathrm{d}\tau \tag{3-26}$$

两个信号和的维格纳分布不等于它们各自维格纳分布之和，存在交叉项 $2\mathrm{Re}[W_{x_1,x_2}(t,f)]$。对某含有 n 个分量的信号，会产生 C_n^2 个交叉项。交叉干扰项导致出现了大量虚假信号，影响了 WVD 时频分析效果。为解决交叉干扰项问题，对 WVD 进行时域加窗后得到伪维格纳分布(pseudo-Wigner-Ville distribution，PWVD)，定义如下：

$$\mathrm{PW}_x(t,f) = \int_{-\infty}^{\infty} h(\tau)x\left(t+\frac{\tau}{2}\right)x^*\left(t-\frac{\tau}{2}\right)\mathrm{e}^{-\mathrm{j}2\pi f\tau}\mathrm{d}\tau \tag{3-27}$$

式中，$h(\tau)$为窗函数。

为消除 PWVD 多分量信号的交叉干扰项，提出基于经验模态分解的维格纳时频分析方法即 EMD-PWVD。信号 $x(t)$的 EMD-PWVD 时频分布定义为：

$$\text{EMD\_PW}_x(t,f)=\sum_{i=1}^{n}\frac{\int_{-\infty}^{\infty} f\text{PW}_{\text{IMF}_i}(t,f)}{\text{PW}_{\text{IMF}_i}(t,f)} \tag{3-28}$$

将 EMD 与 PWVD 相结合既有效消除了 WVD 交叉干扰项，又保留了原 WVD 的时频聚焦优势，据此获得的时频图称为 EMD-PWVD 时频图（EMD-PWVD time-frequency diagram，EPTFD），如图 3-16 所示。

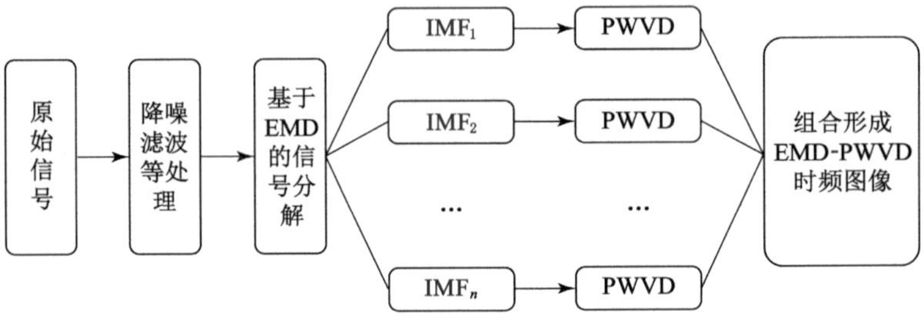

图 3-16　基于经验模态分解的维格纳时频分析方法

EMD-PWVD 时频分布图生成过程如下：

(a) 信号分段：按照每次 n 个采样点进行处理，比如 $n=400$；

(b) EMD 分解：对上述信号进行 EMD 分解，依次得到高频到低频的 IMF 分量和残余分量，保留前 6 个 IMF 分量；

(c) 时频分析：对前 6 个 IMF 分量进行 PWVD 分析，累加得到 EPTFD 时频分布；

(d) 灰度化：为降低输入参数，提高模型训练效率，可对生成样本进行灰度处理。

按照上述步骤对信号进行处理得到 EPTFD 时频分布图，如图 3-17 所示，可清楚地看到不同故障状态数据在时频分布图中表现的能量分布是不同的。

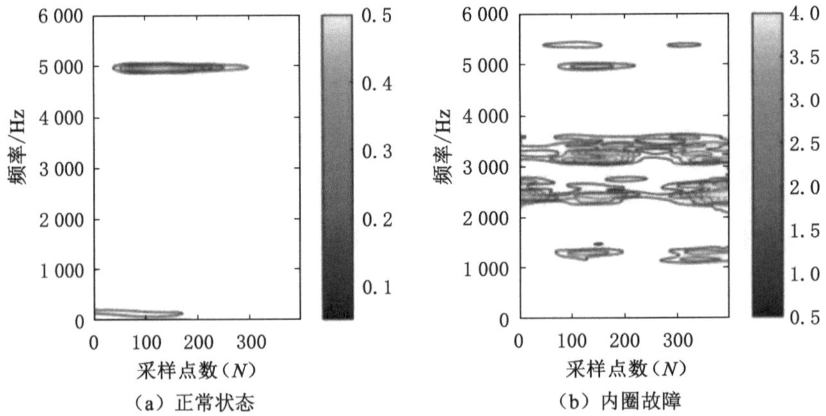

图 3-17　基于 EMD-PWVD 的振动时频图像生成结果

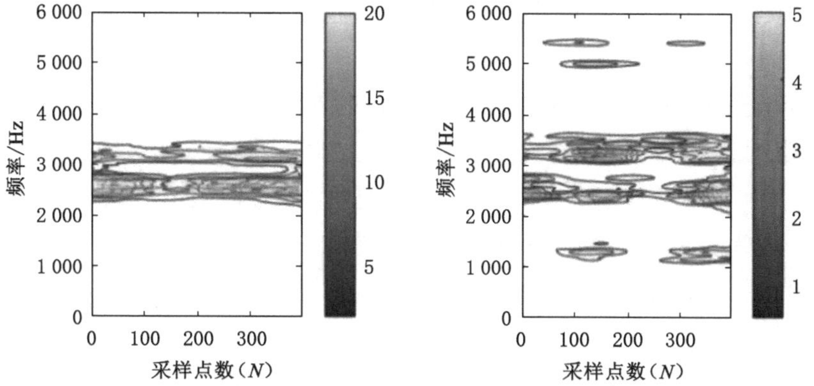

(c) 外圈故障　　(d) 滚动体故障

图 3-17 (续)

3.3.3 短时傅里叶图像变换方法

短时傅里叶变换(short-time fourier transform,STFT)是对非平稳信号的一种联合时频分析方法,其概念明确,分析简便。

为反映振动信号在时域、频域上的局部特征,构造一个时域上集中于某点 t_0 附近,同时在频域上集中于某点 ω_0 附近的基函数,将满足此种条件的基函数称为窗函数。要实现时间局部化的最优窗口可以使用高斯函数作为窗口函数,计算公式如式(3-29)所示。

$$g_a(t) = e^{\frac{-t^2/4a}{2\sqrt{\pi a}}} \tag{3-29}$$

式中,t 为时间;$a>0$,是定值。

对给定信号使用 Gabor 变换,在 $t=b$ 的周期使信号傅里叶变换局部化。计算公式如式(3-30)和式(3-31)所示。

$$(G_b^a x)(\omega) = \int_{-\infty}^{\infty} [\tau e^{-j\omega t} x(t)] g_a(t-b) \mathrm{d}t \tag{3-30}$$

$$(\widetilde{G}_b x)(\omega) = \int_{-\infty}^{\infty} [\tau e^{-j\omega t} x(t)] g^*(t-b) \mathrm{d}t \tag{3-31}$$

式中,$x(t) \in L^2(R)$,$g^*(t-b)$ 为 $g(t-b)$ 的共轭。

STFT 的基本思想是采用固定长度的窗函数对时域信号进行截取,得到时刻 t 附近很小时间段上的局部频谱。窗函数经过在整个时间轴上的平移,最终变换得到每一时间段上局部频谱的集合。因此,STFT 是关于时间和频率的二维函数,计算公式如式(3-32)所示。

$$\mathrm{STFT}_x(t,\omega) = \int_{-\infty}^{\infty} [x(t) \cdot g^*(t-b) e^{-j\omega t}] \mathrm{d}t \tag{3-32}$$

式中，时域信号 $x(t)$ 在 b 时刻的 STFT 变换即为信号乘以 b 为中心的分析窗 $g_{t,\omega}(t-\tau)$ 后的傅里叶变换。

影响 STFT 变换效果的参数有两个，即窗函数类型和窗的宽度。恰当的窗函数选择可以有效减少谱间干扰和频谱泄露；窗的宽度会影响时域与频域的相对分辨率，窗窄则时间分辨率高，窗宽则频率分辨率高。实际应用中，需根据给定信号的特征来选择窗函数的宽度。时间分辨率和频率分辨率可通过使信号 $x(t)$ 转换为脉冲信号 $\delta(t)$ 获取，计算过程如式(3-33)和式(3-34)所示。

$$x(t)=\delta(t-t_0)\Rightarrow \mathrm{STFT}_x(\tau,\omega)=e^{-\mathrm{j}\omega t_0}g(t_0-t) \tag{3-33}$$

$$x(t)=e^{\mathrm{j}t\omega_0}\Rightarrow \mathrm{STFT}_x(\tau,\omega)=e^{-\mathrm{j}t\omega_0}G(\omega_0-\omega) \tag{3-34}$$

STFT 的相关性质与傅里叶变换类似，是在短时段上的傅里叶变换的叠加。

构造一个多分量仿真信号对 STFT 时频分析方法进行验证。仿真信号如下所示：

$$\begin{cases} x_1=\sin(2\pi\times 250t) \\ x_2=\sin(2\pi\times 500t) \\ x_3=\sin(2\pi\times 900t) \\ x=x_1+x_2+x_3+\mathrm{rand}n \end{cases} \tag{3-35}$$

该仿真信号由三个正弦信号和一个随机扰动组成。设信号采样频率为 10 240 Hz，采样点数为 8 192。用 STFT 生成的时频图像如图 3-18 所示。为进一步模拟真实工况，对信号添加噪声进行结果对比，加噪信号的时频图像如图 3-19 所示。

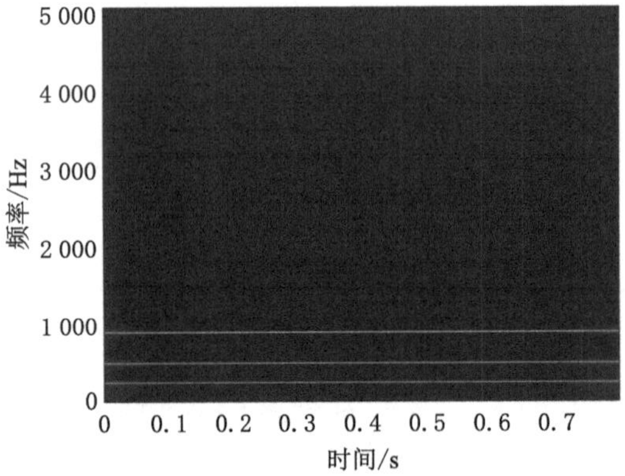

图 3-18　仿真信号的短时傅里叶变换时频图

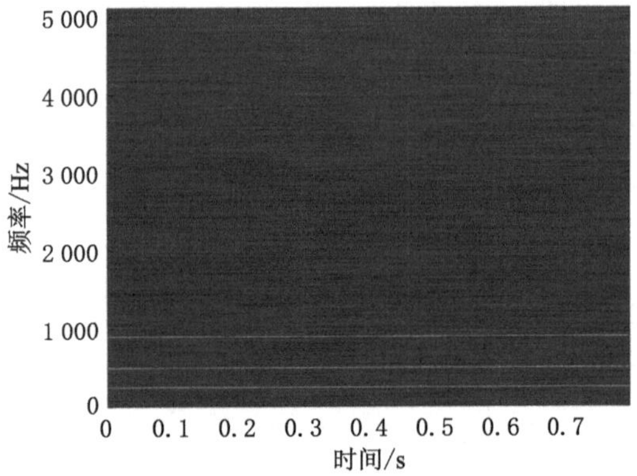

图 3-19　信噪比为−3 dB 的信号短时傅里叶变换时频图

3.3.4　连续小波图像变换方法

小波变换是一种具有“变焦”特点的时频分析方法。STFT 通过添加时间窗来解决一般谱分析中时间域无限大的缺点，但对非平稳信号存在窗大小不变的问题。与

STFT 不同，小波变换的窗函数固定但形状可变，可通过不同分辨率来观察信号细节特征。连续小波变换(continuous wavelet transform，CWT)的时频分辨率随分解尺度变化，对给定信号的低频成分，其时间分辨率高而频率分辨率低；对高频成分，其时间分辨率低而频率分辨率高，这种自适应调节方式使小波变换被称为信号分析的“显微镜”。

CWT 的基本原理是多尺度时频分析，通过一个变尺度滑动窗沿时间轴对信号进行分段截取和分析进而获得信号特征。CWT 的思想与傅里叶变换一致，都是利用一族函数来表示信号，其变换公式为：

$$\varphi_{u,v}(t) = \frac{1}{\sqrt{v}}\varphi(\frac{t-u}{v}) \tag{3-36}$$

式中，u 为平移因子且 $u \in R$，v 为尺度因子且 $v > 0$。若 $v > 1$，则基函数相当于窗函数拉伸，窗函数的时窗增大；若 $v < 1$，则相当于将窗函数压缩，使窗函数缩小。

对信号 $x(t) \in L^2(R)$ 进行连续小波变换，如式(3-37)所示，逆变换如公式(3-38)所示。

$$\mathrm{CWT}_x(u,v) = \int_{-\infty}^{+\infty} x(t)\varphi_{u,v}^*(t)\mathrm{d}t = \frac{1}{\sqrt{v}}\int_{-\infty}^{+\infty} x(t)\varphi^*(\frac{t-u}{v})\mathrm{d}t \tag{3-37}$$

$$x(t) = \frac{1}{C_\varphi}\int_{-\infty}^{+\infty}\int_{-\infty}^{+\infty}\varphi_{u,v}(t)\mathrm{CWT}_x(u,v)\,\frac{\mathrm{d}u\mathrm{d}v}{v^2} \tag{3-38}$$

式中，$C_\varphi = 2\pi\int_{-\infty}^{+\infty}\frac{|\hat{\varphi}(\omega)|}{|\omega|}\mathrm{d}\omega$ 为容许条件，$\hat{\varphi}(\omega)$ 为 $\varphi(\omega)$ 傅里叶变换。

使用 CWT 方法生成的时频图像如图 3-20 所示。为进一步模拟真实工况，对信号添加噪声进行对比研究，加噪后信号的时频图像如图 3-21 所示。

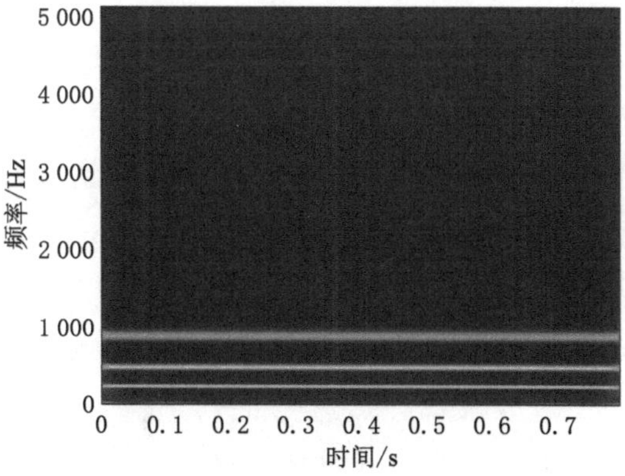

图 3-20　仿真信号的连续小波变换时频图

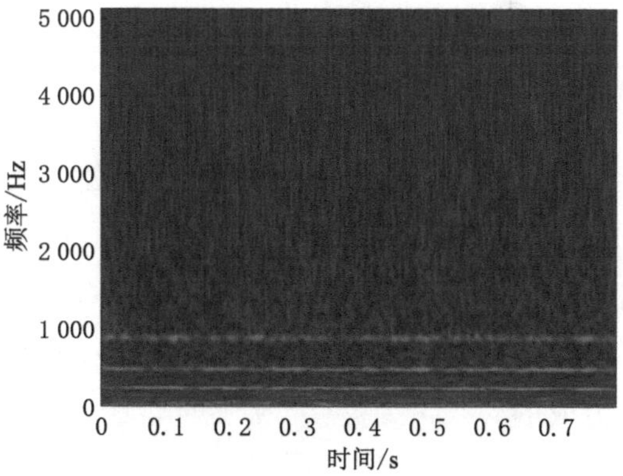

图 3-21　信噪比为−3 dB 的信号连续小波变换时频图

第4章 机电传动系统振动图像数据集扩容方法

在数据驱动的智能故障诊断研究中，首先要获得足够数量的各类故障样本。由于实际中直接获取大量各类故障数据并非易事，因此提出了对已有数据进行扩容处理从而快速得到满足深度学习要求的大量样本。本章主要探讨在故障诊断数据集扩容中常用的生成对抗网络及其改进模型，以及这些模型在机电传动系统振动图像数据集扩容中的应用，从而为基于深度学习的智能故障诊断提供必要的数据基础。

4.1 生成对抗网络及其改进模型

4.1.1 基本 GAN 模型

2014 年，Goodfellow 等受博弈论中零和博弈思想的启发，提出生成对抗网络(generative adversarial network，GAN)。基本生成对抗网络包括生成网络(generator，G)和判别网络(discriminator，D)。其中，G 是一个生成网络，用于生成可以最大程度捕捉训练集特征的样本；D 是一个对抗网络(或判别网络)，用于判断一个特定样本是真实的还是生成的。

基本生成对抗网络模型如图 4-1 所示。生成对抗网络通过对抗训练的方式来学习目标数据的分布，进而生成与目标数据分布相似的新数据。GAN 的目标函数计算公式如式(4-1)所示。

$$\min_G \max_D V(G. D) = E_{x\sim P_{\text{data}}}[\lg D(x)] + E_{z\sim P_z}[\lg(1 - D(G(z)))] \tag{4-1}$$

式中，z 是服从高斯分布的随机噪声，G 是生成网络，D 是判别网络，P_{data} 是真实数据的概率分布，P_z 是随机噪声的概率分布，$G(z)$ 是生成网络使用随机噪声生成的新样本，

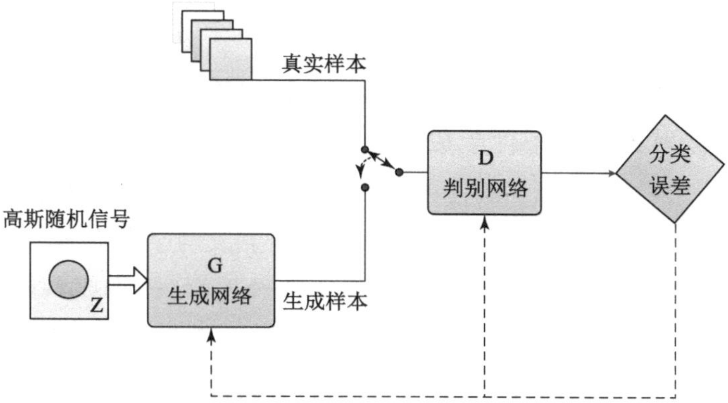

图 4-1　基本生成对抗网络模型示意图

$D(x)$和 $D(G(z))$分别是判别网络在输入真实样本和生成样本时的输出。

GAN 在损失函数上不同于传统的人工神经网络，在训练判别网络时需要固定生成网络的参数，计算公式如式(4-2)所示。

$$\max_D V(G.D) = E_{x \sim P_{\text{data}}}[\lg D(x)] + E_{z \sim P_z}[\lg(1 - D(x^*))] \tag{4-2}$$

在训练生成网络时需要固定判别网络的参数，计算公式如式(4-3)所示。

$$\min_G V(G.D) = E_{z \sim P_z}[\lg(1 - D(G(z)))] \tag{4-3}$$

生成网络和判别网络均利用判别网络的损失进行反向传播训练。判别网络的目标是使真实样本输入损失最小化，生成样本输入损失最大化。生成网络的目标是使生成样本产生的判别网络损失最大化。

4.1.2　WGAN 模型

Wasserstein GAN(WGAN)采用一种新损失函数即推土机距离(earth mover's distance)对基本 GAN 存在的训练困难、模式崩溃进行了改善。

WGAN 的判别网络损失计算公式如式(4-4)所示。

$$\max E_{x \sim P_{\text{data}}}[f_w(x)] - E_{z \sim P_z}[f_w(x^*)] \tag{4-4}$$

式中，f_w 是判别网络。判别网络试图估计推土机距离，并在函数的不同参数下寻求真实分布第一项与生成分布第二项之间的最大差异。判别网络通过查看在共享空间中使用 f_w 的不同投影来最大化生成网络移动的概率。

WGAN 的生成网络损失计算公式如式(4-5)所示。

$$\min E_{x \sim P_{\text{data}}}[f_w(x)] - E_{z \sim P_z}[f_w(G(z))] \tag{4-5}$$

生成网络的目标是最小化真实分布与生成分布的期望之间的距离。f_w 满足约束为 1-Lipschitz，即对所有 x_1、x_2 满足 $|f(x_1) - f(x_2)| \leqslant |x_1 - |x_2||$。

4.1.3 CGAN 模型

虽然可以通过选择训练数据来控制 GAN 的样本域，但是不能指定 GAN 生成样本的特征。因此，有专家提出了条件生成对抗网络（conditional GAN，CGAN），通过在生成网络和判别网络的输入中加入条件来制约网络训练方向。从理论上讲，这里的条件可以是任何东西，如一个标签。在 CGAN 训练时，生成网络的目标是生成与对应标签匹配的样本，判别网络不仅需要判别生成的样本是否逼真，还需要判断生成样本的类别与标签类别是否匹配。判别网络不会识别哪个样本是哪个类，只学习接受真实的且样本与标签匹配正确的对，拒绝不匹配的对和样本为假的对。因此，为了欺骗判别网络，CGAN 仅生成逼真数据是不够的，生成样本还需要与标签匹配。在对生成网络进行充分训练后，可通过传递所需标签来指定希望 CGAN 模型合成的样本。CGAN 模型如图 4-2 所示。

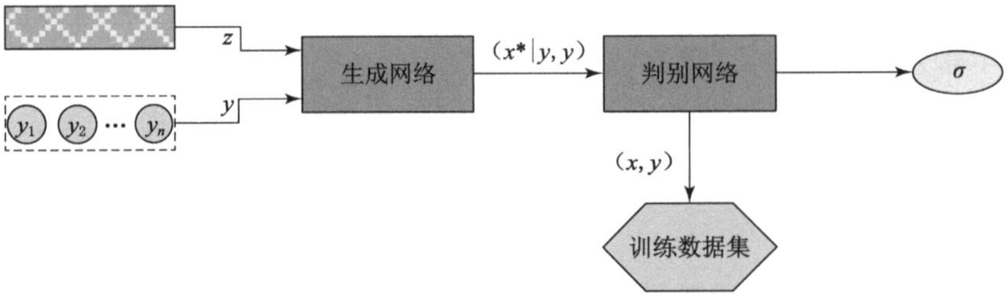

图 4-2　CGAN 模型示意图

这里，生成网络使用噪声向量 z 和标签 y 合成一个生成样本 $G(z,y)=x*|y$。这个生成样本要尽可能地接近给定标签的真实样本。判别网络接受带标签的真实样本 (x,y) 以及带标签的伪样本 $(x*|y,y)$。在真实样本和标签对上，判别网络学习如何识别真实数据以及如何识别匹配对。在生成网络所生成的样本中，判别网络学习识别伪样本和标签对以将它们与真实样本和标签对区分开来。判别网络的输出表明输入是真实匹配对的概率，其目标是学会接受所有真实样本和标签对并拒绝所有伪样本和所有与标签不匹配的样本。

4.1.4 WGAN-GP 模型

WGAN-GP 在基本生成对抗网络基础上，先使用 Wasserstein 距离改进基本生成对抗网络的损失函数，再使用梯度惩罚代替强制裁剪改善 WGAN 满足 1-Lipschitz 约束的限制。梯度惩罚项的计算公式如式(4-6)所示。

$$\mathrm{GP}=E_{\hat{x}\sim p_{\hat{x}}}[(\|\nabla_{\hat{x}}D(\hat{x})\|_2-1)^2] \tag{4-6}$$

式中，GP 为梯度惩罚项，$p_{\hat{x}}$ 为 $\hat{x}$ 的分布，$\nabla_{\hat{x}}D(\hat{x})$ 为判别网络的梯度。

添加梯度惩罚项的判别网络损失函数计算公式如式(4-7)所示。

$$\text{Loss}(D)=-E_{x\sim p_r}[D(x)]+E_{x\sim p_g}[D(x)]+\lambda E_{x\sim p_{\hat{x}}}[(\|\nabla_x D(x)\|_2-1)^2] \tag{4-7}$$

式中,λ 为梯度惩罚的超参数。

WGAN-GP 通过添加梯度惩罚项改善了 WGAN 对权重强制裁剪的方式,能够生成更高质量的样本并能更快地收敛。WGAN-GP 的判别网络和生成网络均采用卷积层与转置卷积层代替池化层和全连接层。生成网络的输入是随机噪声,输出是生成样本。训练后的生成网络输出与真实样本的分布相似。判别网络输入为真实样本和生成样本,输出为线性函数值。WGAN-GP 模型如图 4-3 所示。

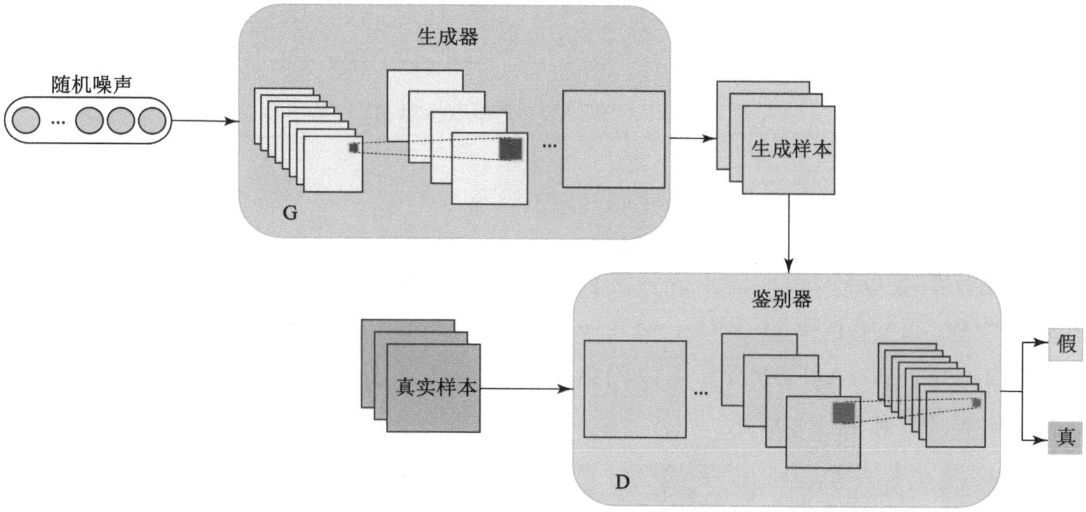

图 4-3　WGAN-GP 模型示意图

4.1.5　CWGAN-GP 模型

在基本 GAN 模型基础上,CGAN 通过增加条件来控制 GAN 的生成类别。结合 CGAN 和 WGAN-GP 的特点,构建新的 CWGAN-GP 模型。在生成网络和判别网络的输入中增加条件标签,使标签信息参与模型训练。CWGAN-GP 模型如图 4-4 所示。

在生成网络中,随机噪声与标签同时输入网络,先将标签扩展到与随机噪声相同的长度,加强条件标签在训练中的约束作用,后将二者拼接,使加入的条件标签能引导生成网络的输出。这里,标签数据指故障模式,如正常(0)、内圈故障(1)、外圈故障(2)、滚动体故障(3)。所有池化层均由卷积层代替,由多个转置卷积连接生成网络的输入层和全连接层,组成一个全卷积网络,实现从随机噪声到振动图像的生成过程。

在判别网络中,输入样本与对应标签也需要同时输入到网络,且标签需要扩展到与振动图像相同的维度,判别网络也是一个全卷积网络,最后一层为全连接。

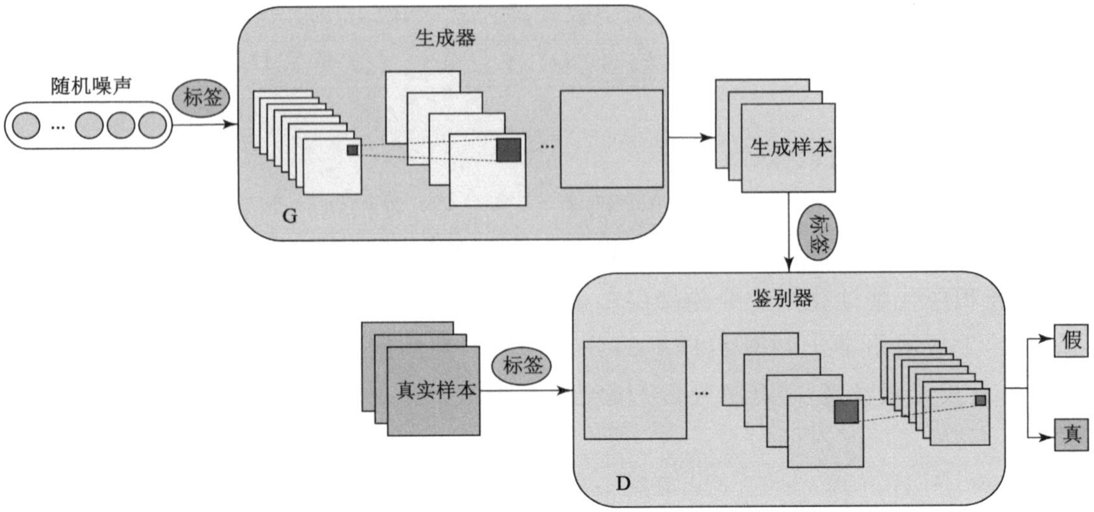

图 4-4　CWGAN-GP 模型示意图

4.1.6　DBD-DFF-WGAN-GP 模型

为提升基本 GAN 模型的生成样本质量和收敛速度，提出一种双分枝判别器深层特征融合的 WGAN-GP 模型（WGAN-GP with dual-branch discriminator deep feature fusion，DBD-DFF-WGAN-GP），其生成网络和判别网络如图 4-5 和图 4-6 所示，常见的参数设置如表 4-1 和表 4-2 所示。

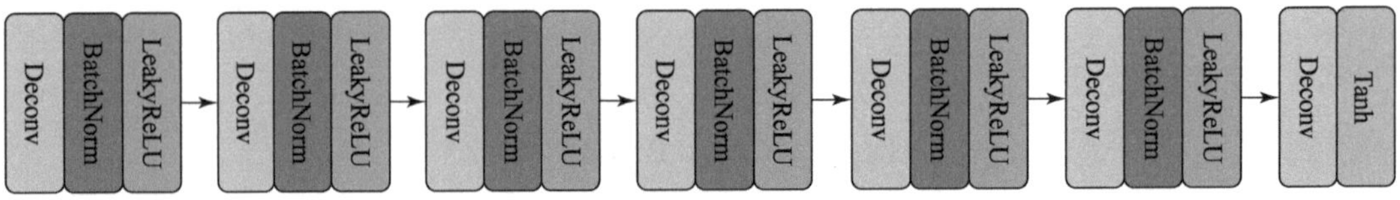

图 4-5　DBD-DFF-WGAN-GP 生成网络示意图

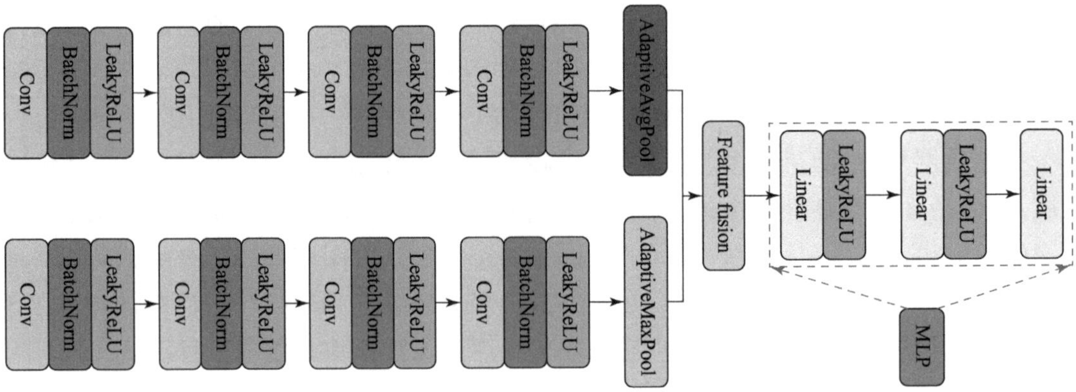

图 4-6　DBD-DFF-WGAN-GP 判别网络示意图

表 4-1　DBD-DFF-WGAN-GP 生成网络参数设置

层	输入	输出	激活函数	卷积核
反卷积 1	[1,1,100]	[4,4,512]	LeakyReLU	4×4
反卷积 2	[4,4,512]	[8,8,256]	LeakyReLU	4×4
反卷积 3	[8,8,256]	[16,16,128]	LeakyReLU	4×4
反卷积 4	[16,16,128]	[32,32,64]	LeakyReLU	4×4
反卷积 5	[32,32,64]	[64,64,32]	LeakyReLU	4×4
反卷积 6	[64,64,32]	[128,128,16]	LeakyReLU	4×4
反卷积 7	[128,128,16]	[256,256,1]	Tanh	4×4

表 4-2　DBD-DFF-WGAN-GP 判别网络参数设置

层	输入	输出	激活函数	卷积核
卷积 1	[256,256,1]	[128,128,16]	LeakyReLU	4×4
卷积 2	[128,128,16]	[64,64,32]	LeakyReLU	4×4
卷积 3	[64,64,32]	[32,32,64]	LeakyReLU	4×4
卷积 4	[32,32,64]	[16,16,128]	LeakyReLU	4×4
自适应平均池化	[16,16,128]	[8,8,128]	—	—
自适应最大池化	[16,16,128]	[8,8,128]	—	—
拼接	[8,8,128]、[8,8,128]	1×16 384	—	—
全连接 1	1×16 384	8 192	LeakyReLU	—
全连接 2	8 192	128	LeakyReLU	—
全连接 3	128	1	—	—

DBD-DFF-WGAN-GP 沿用了 WGAN-GP 的损失函数，生成网络由多层反卷积构成，在前几层反卷积后添加 BatchNorm 批归一化层和 LeakyReLU 激活函数，在最后一层反卷积后使用 Tanh 激活函数。首先，判别网络使用多层卷积提取图像深层特征，多层卷积后引入 BatchNorm 批归一化层和 LeakyReLU 激活函数。然后，利用自适应平均池化捕获整体特征和自适应最大池化捕获显著特征的优势，将卷积层提取的深层特征分流至自适应平均池化和自适应最大池化层，从而构成双分枝判别网络，将其输出拼接成一维向量，完成深层整体与显著特征的融合。最后，通过 MLP 对融合特征进行提取并输出，其中 MLP 由多个全连接层构成，前几个全连接层后加入 LeakyReLU 激活函数。引入批归一化层的目的是减小一个批次内数据分布的差异性，提高模型的收敛速度。引入激活函数的目的是引入非线性，增强模型的表达能力。

DBD-DFF-WGAN-GP 深层特征融合过程如图 4-7 所示。其中，第四个卷积层的输出分别通过自适应平均池化和自适应最大池化，得到 8×8×128 的特征图，其中 8×8 为图像尺寸，128 为通道数。首先，将两个池化层输出结果每个通道特征图内的行向量按列方向进行拼接，单通道特征维度变为 1×64。其次，将每个通道排列好的行向量按通道顺序首尾拼接，分别将自适应平均池化提取的整体特征和自适应最大池化提取的显著特征进行融合，二者的输出特征均被融合成 1×8 192 的一维向量。最后，将二者对应的一维向量进行首尾拼接融合，融合后的一维特征向量长度为 1×16 384，该向量为 MPL 的输入，最终结果由 MPL 输出并通过损失函数反馈进行梯度更新。

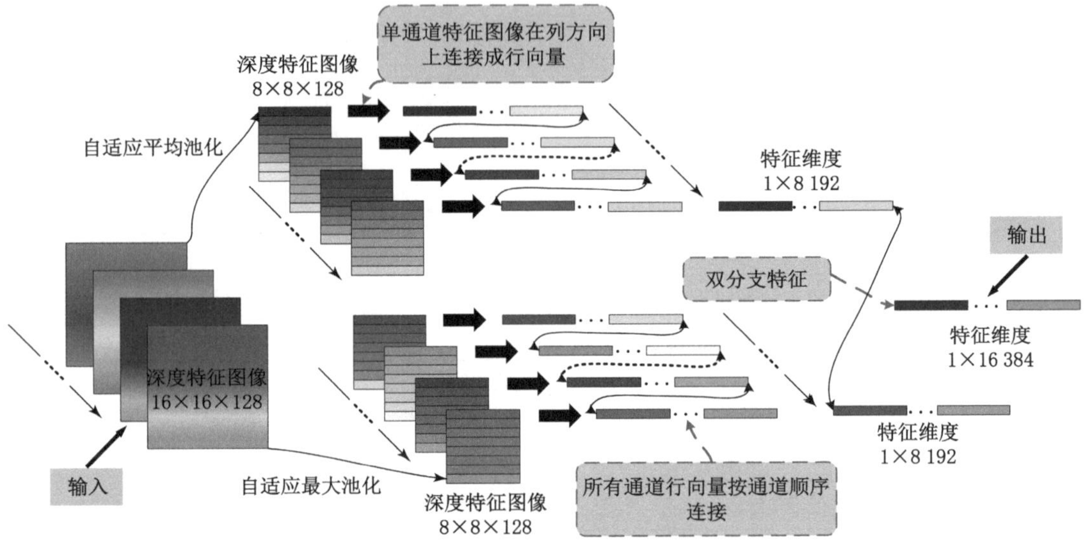

图 4-7　DBD-DFF-WGAN-GP 深层特征融合过程示意图

4.1.7　DCGAN 模型

2015 年，有专家提出了深度卷积生成对抗网络（deep convolution generative adversarial networks，DCGAN），其将 CNN 和 GAN 结合提高了模型的稳定性。DCGAN 中的生成网络和判别网络均舍弃了池化层，但在判别网络中保留了 CNN 结构，在生成网络中将卷积层替换成了反卷积层，反卷积的主要作用是上采样。在生成网络和判别网络中均使用了批归一化层，帮助加速模型训练，提高模型稳定性。在生成网络中，除了输出层外全部使用 ReLU 激活函数，仅输出层使用 Tanh 激活函数。在判别网络中，使用 LeakyReLU 激活函数，以防止梯度稀疏。DCGAN 模型如图 4-8 所示。

从上采样、激活函数、Dropout 等方面改进后的 DCGAN 模型如图 4-9 所示。生成网络使用全连接层将输入向量扩展成特征图，使用最近邻插值进行上采样。使用卷积层进行特征提取，每个卷积层后跟随批量归一化和 Leaky ReLU 激活函数。最后一层使用 Tanh 激活函数输出生成图像，提高了生成图像质量和模型稳定性。

如图 4-9 所示，判别网络使用卷积层进行特征提取，每个卷积层均跟随 Leaky ReLU 激活函数和 Dropout，部分层使用批量归一化，最后一层使用全连接进行分类并使

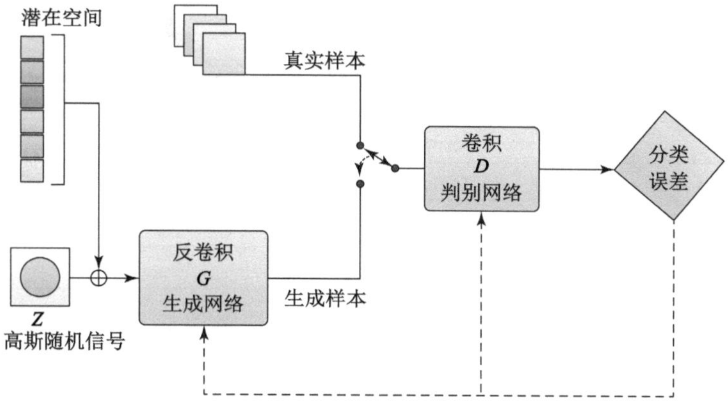

图 4-8　DCGAN 模型示意图

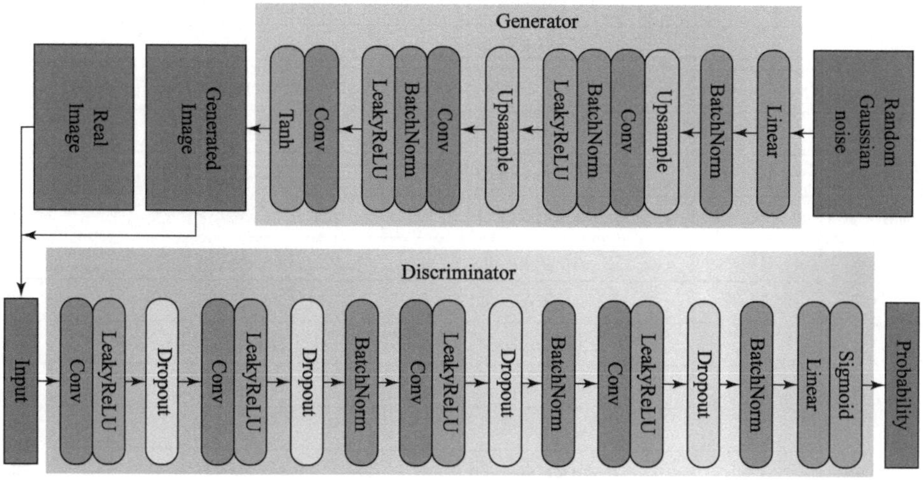

图 4-9　改进的 DCGAN 模型

用 Sigmoid 激活函数，将判别网络的输出转换为表示输入数据是真实的概率。判别网络在第一个卷积层后不使用批量归一化，引入了 Dropout 防止模型过拟合。

用于滚动轴承复杂模式故障诊断的 DCGAN 模型参数设置如表 4-3 所示。

表 4-3　典型 DCGAN 模型参数设置

网络	序号	层	输出(C,H,W)	参数量
生成网络	1	Linear	[524 288,1,1]	52 953 088
	2	BatchNorm2d	[128,64,64]	256
	3	Upsample	[128,128,128]	0
	4	Conv2d	[128,128,128]	147 584
	5	BatchNorm2d	[128,128,128]	256

表 4-3(续)

网络	序号	层	输出(C,H,W)	参数量
生成网络	6	LeakyReLU	[128,128,128]	0
	7	Upsample	[128,256,256]	0
	8	Conv2d	[64,256,256]	73 792
	9	BatchNorm2d	[64,256,256]	128
	10	LeakyReLU	[64,256,256]	0
	11	Conv2d	[1,256,256]	577
	12	Tanh	[1,256,256]	0
判别网络	1	Conv2d	[16,128,128]	160
	2	LeakyReLU	[16,128,128]	0
	3	Dropout2d	[16,128,128]	0
	4	Conv2d	[32,64,64]	4 640
	5	LeakyReLU	[32,64,64]	0
	6	Dropout2d	[32,64,64]	0
	7	BatchNorm2d	[32,64,64]	64
	8	Conv2d	[64,32,32]	18 496
	9	LeakyReLU	[64,32,32]	0
	10	Dropout2d	[64,32,32]	0
	11	BatchNorm2d	[64,32,32]	128
	12	Conv2d	[128,16,16]	73 856
	13	LeakyReLU	[128,16,16]	0
	14	Dropout2d	[128,16,16]	0
	15	BatchNorm2d	[128,16,16]	256
	16	Linear	[1,1,1]	32769
	17	Sigmoid	[1,1,1]	0

4.2 机电传动系统振动图像数据集扩容实例

4.2.1 数据分割方法

数据分割是将原始的点数较多的时序数据人为地分割为多组点数较少的数据，从而增加样本数量，包括如图 4-10 所示自然分割和图 4-11 所示重叠分割。自然分割是对一组原始振动信号进行无舍弃无重叠的分割，而重叠分割是在分割时各段数据之间重叠一部分，既可以增加样本数量，且不会使各样本之间差异过大。在本书相关章节中，对自然分割或重叠分割的一维数据采用第 3 章中的图像转换方法，即可得到多个振动图像样本。

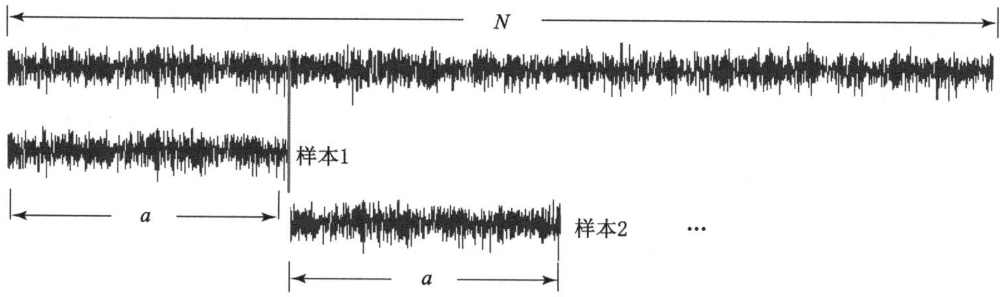

图 4-10　一维数据的自然分割示意图

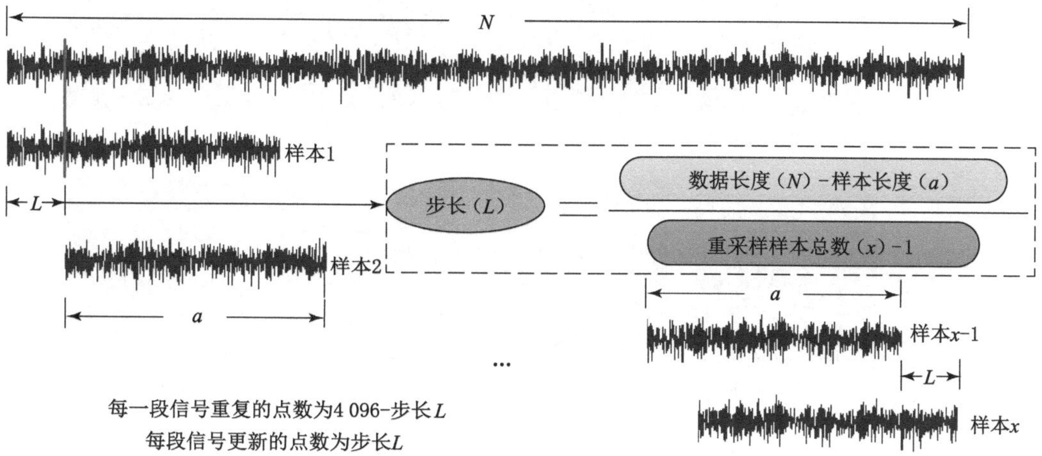

图 4-11　一维数据的重叠分割示意图

4.2.2　小样本振动图像数据集构建

1. 小样本滚动轴承振动图像数据集构建

采用一号故障模拟平台采集原始数据，将其转换为灰度纹理图像。设计不同数量的原始样本进行研究。这里，设有灰度纹理图像每个类别各 350 张，从每个类别选取 300 张构成训练集，50 张构成测试集，则由原始真实样本构成的数据集如表 4-4 所示。利用原始真实样本数据集作为生成对抗网络模型的输入，设置生成样本与原始真实样本的不同比例，从而对扩容数据集进行研究。图 4-12(a)、(b)、(c)、(d)为单一故障下的滚动轴承的原始真实灰度纹理图像，图 4-12(e)、(f)、(g)、(h)为通过生成对抗网络模型生成的新样本。

实际工况下滚动轴承并不总是表现单一故障，随着故障发展，会逐渐引起其他部位故障，甚至引发不同零件同时故障。

表 4-4　单一故障状态下原始振动灰度纹理图像数据集设计说明

数据集	样本组成	样本总数	测试集
A	正常状态 100 张，单一故障每类 100 张	400	每类 50 张 共 200 张
B	正常状态 150 张，单一故障每类 150 张	600	
C	正常状态 200 张，单一故障每类 200 张	800	
D	正常状态 250 张，单一故障每类 250 张	1 000	
E	正常状态 300 张，单一故障每类 300 张	1 200	

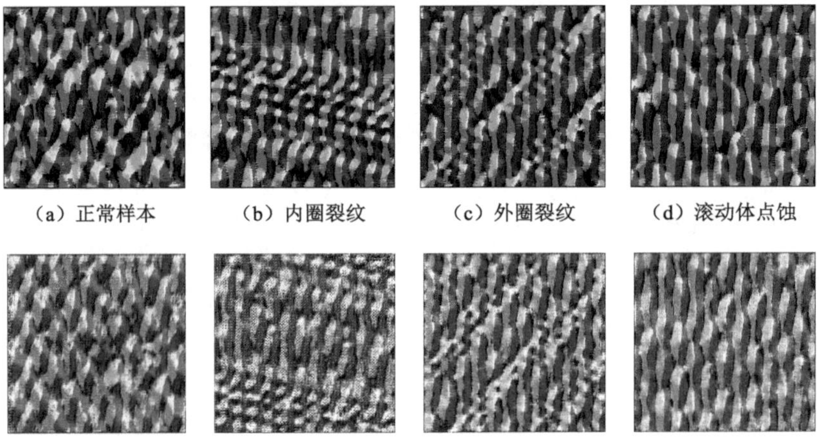

原始灰度纹理图像

(a) 正常样本　(b) 内圈裂纹　(c) 外圈裂纹　(d) 滚动体点蚀

生成灰度纹理图像

(e) 正常样本　(f) 内圈裂纹　(g) 外圈裂纹　(h) 滚动体点蚀

图 4-12　单一故障状态下原始与生成的灰度纹理图像对照示例

为了模拟更复杂的故障情况，并验证模型对复杂数据的生成能力，在单一故障模式基础上设计复合故障模式。复合故障数据集如表 4-5 所示，复合故障数据集扩容比例与实验方案和单一故障模式一致。图 4-13(a)、(b)、(c)、(d)为复合故障模式下的原始振动灰度纹理图像，图 4-13(e)、(f)、(g)、(h)为通过生成对抗网络模型生成的新样本。

表 4-5　复合故障模式下原始振动灰度纹理图像数据集设计说明

数据集	样本组成	样本总数	测试集
a	正常状态 100 张，复合故障每类 100 张	400	每类 50 张 共 200 张
b	正常状态 150 张，复合故障每类 150 张	600	
c	正常状态 200 张，复合故障每类 200 张	800	
d	正常状态 250 张，复合故障每类 250 张	1 000	
e	正常状态 300 张，复合故障每类 300 张	1 200	

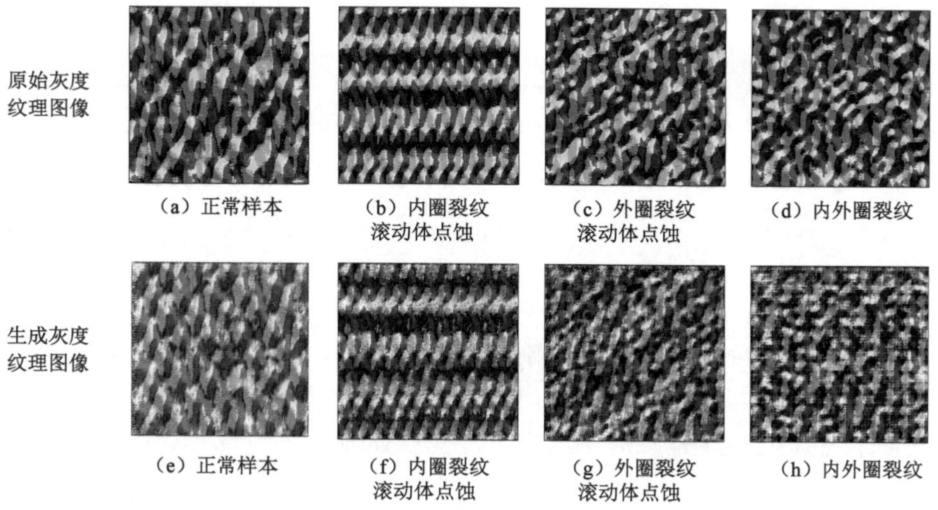

图 4-13　复合故障模式下原始与生成的灰度纹理图像对照示例

2. 考虑传感器异常和复杂故障模式的小样本滚动轴承振动图像数据集构建

在一号故障模拟平台上对滚动轴承的振动信号进行图像转换。图 4-14 是包含压电传感器螺纹连接松动故障的滚动轴承 18 种情况原始振动信号时域波形。

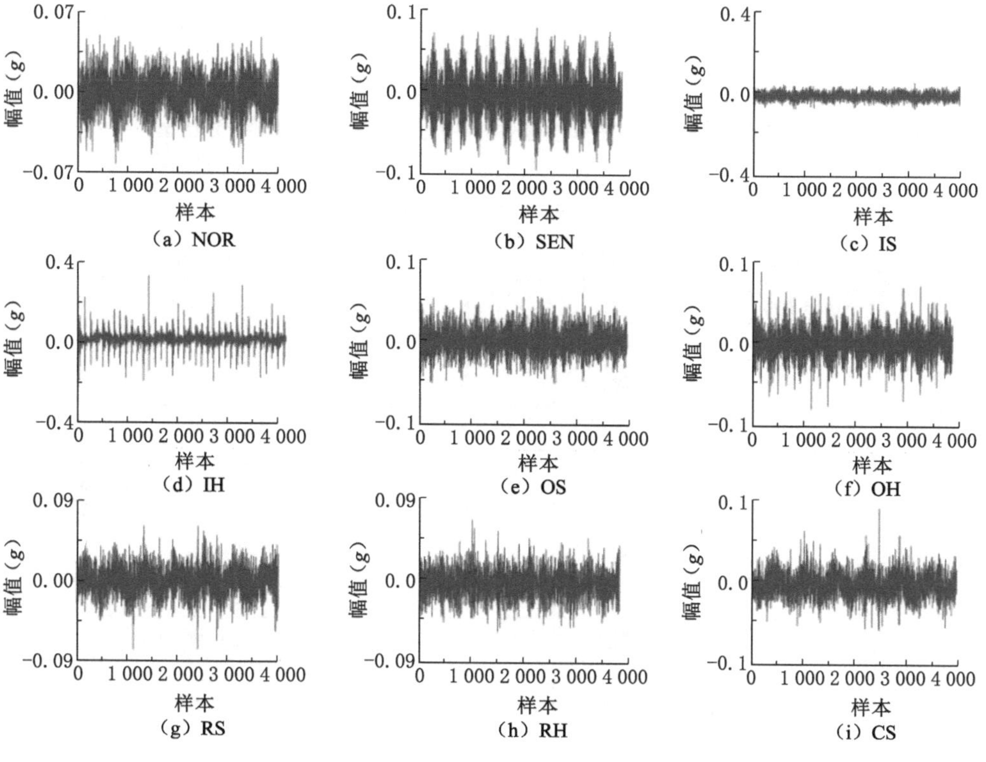

图 4-14　包含压电传感器螺纹连接松动故障的滚动轴承 18 种情况的原始振动信号时域波形

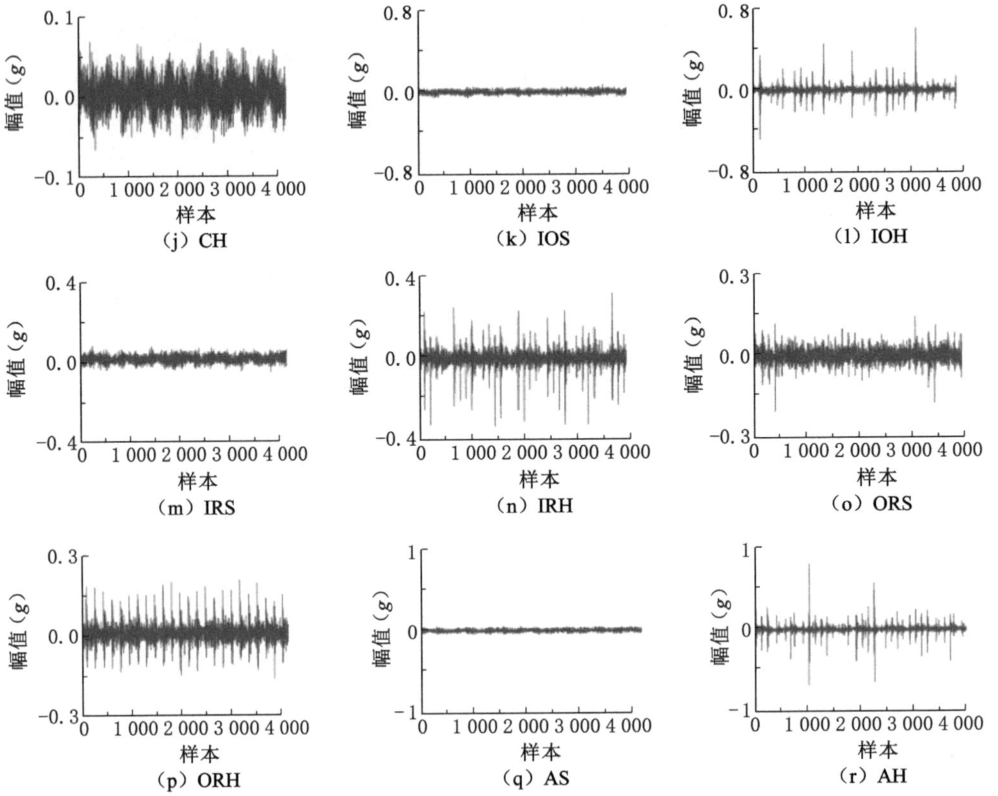

图 4-14 （续）

表 4-6 给出了包含传感器异常在内的 18 种滚动轴承故障模拟方案。

表 4-6 含传感器异常的滚动轴承故障模拟方案

故障部件	故障位置		故障程度	代号	长×宽×高/(mm×mm×mm)	编号
传感器	螺纹连接松动		—	SEN	—	1
滚动轴承	正常		—	NOR	—	2
	单故障	内圈	轻微	IS	2×1.5×0.5	3
			严重	IH	15×1×0.2	4
		外圈	轻微	OS	2×1.5×0.5	5
			严重	OH	15×1×0.2	6
		滚动体	轻微	RS	1s 激光点蚀	7
			严重	RH	3s 激光点蚀	8
		保持架	轻微	CS	不完全断裂	9
			严重	CH	完全断裂	10

表 4-6(续)

故障部件	故障位置		故障程度	代号	长×宽×高/(mm×mm×mm)	编号
滚动轴承	双故障	内圈和外圈	轻微	IOS	内圈:2×1.5×0.5,外圈:2×1.5×0.5	11
			严重	IOH	内圈:15×1×0.2,外圈:15×1×0.2	12
		内圈和滚动体	轻微	IRS	内圈:2×1.5×0.5,滚动体:1 s 激光点蚀	13
			严重	IRH	内圈:15×1×0.2,滚动体:3 s 激光点蚀	14
		外圈和滚动体	轻微	ORS	外圈:2×1.5×0.5,滚动体:1 s 激光点蚀	15
			严重	ORH	外圈:15×1×0.2,滚动体:3 s 激光点蚀	16
	全故障	内圈、外圈、滚动体、保持架同时故障	轻微	AS	内圈:2×1.5×0.5,外圈:2×1.5×0.5,滚动体:1 s 激光点蚀,保持架:不完全断裂	17
			严重	AH	内圈:15×1×0.2,外圈:15×1×0.2,滚动体:3 s 激光点蚀,保持架:完全断裂	18

在振动信号转换为图像过程中,采用自然分割策略连续无重叠地选取 4 096 点作为一个数据段,每段数据经归一化后转换为 64×64 方阵,再采用最近邻插值将其转换为 256×256 方阵,最后将其映射到灰度值得到灰度图像。转换后 18 种情况的灰度图像如图 4-15 所示。

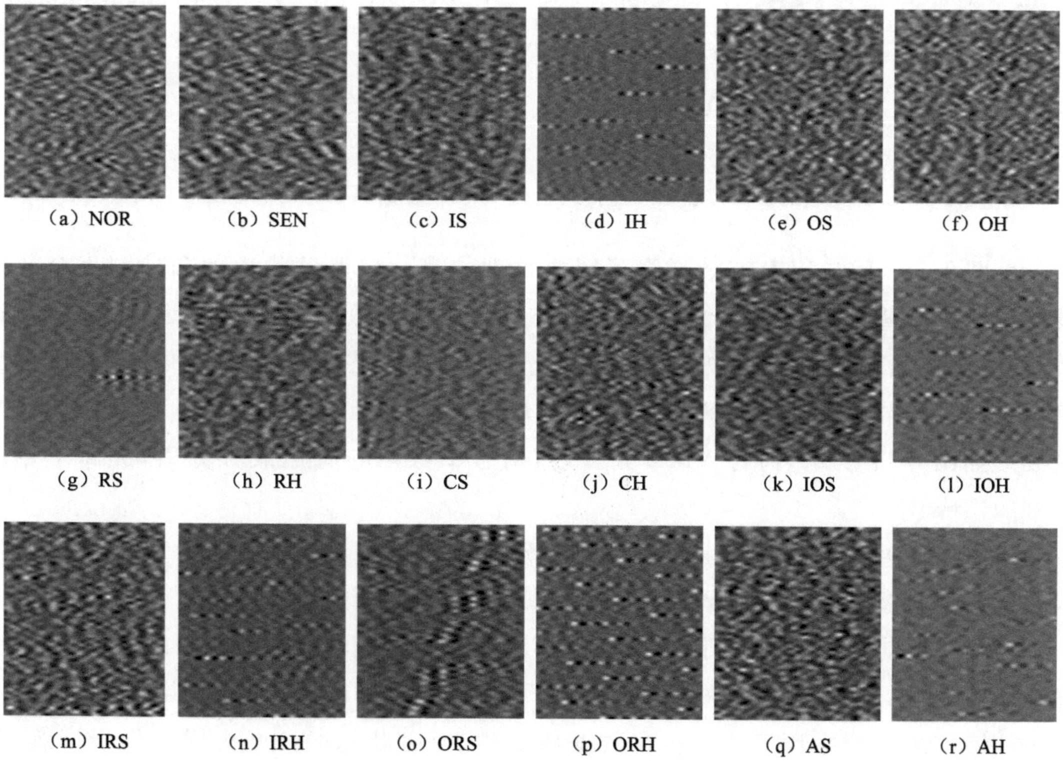

图 4-15　包含电压传感器螺纹连接松动故障的滚动轴承 18 种情况原始振动信号映射灰度图像

在图 4-15 中，18 种情况的振动信号映射灰度图像具有一定区分度，但图像纹理较模糊。因此，对该灰度图像进行 LBP 处理以增强图像纹理，结果如图 4-16 所示。

图 4-16　经 LBP 处理的含传感器螺纹连接松动的 18 种情况的原始振动信号映射灰度纹理图像

由图 4-16 可知，LBP 有效增强了图像纹理信息。但严重的内圈和外圈复合故障及严重的全故障灰度纹理图像纹理过分密集且整体亮度低。分析认为，图像中存在大量噪声，使图像存在大量快速变化的细节，其像素值在局部迅速变化。为此，提出将原始振动信号经 VMD 分解后再转换为 GTI 样本。经 VMD 处理后的振动信号时域波形如图 4-17 所示，通过 VMD 处理后，信号中噪声与有用成分分离，提高了振动信号的信噪比。

使用 VMD 分解后再重构得到 18 种情况的振动信号经过裁剪、拼接和归一化，转换为灰度纹理图像，如图 4-18 所示。

对上述振动图像样本进行数据集划分，构建两个数据集，即数据集 A 和数据集 B。在数据集 A 中，每种状态的 200 个样本用于训练，40 个样本用于测试，共 3 600 个样本用于训练，720 个样本用于测试。在数据集 B 中，每种状态的 200 个样本用于训练，40 个样本用于测试，共 1 800 个样本用于训练，720 个样本用于测试。

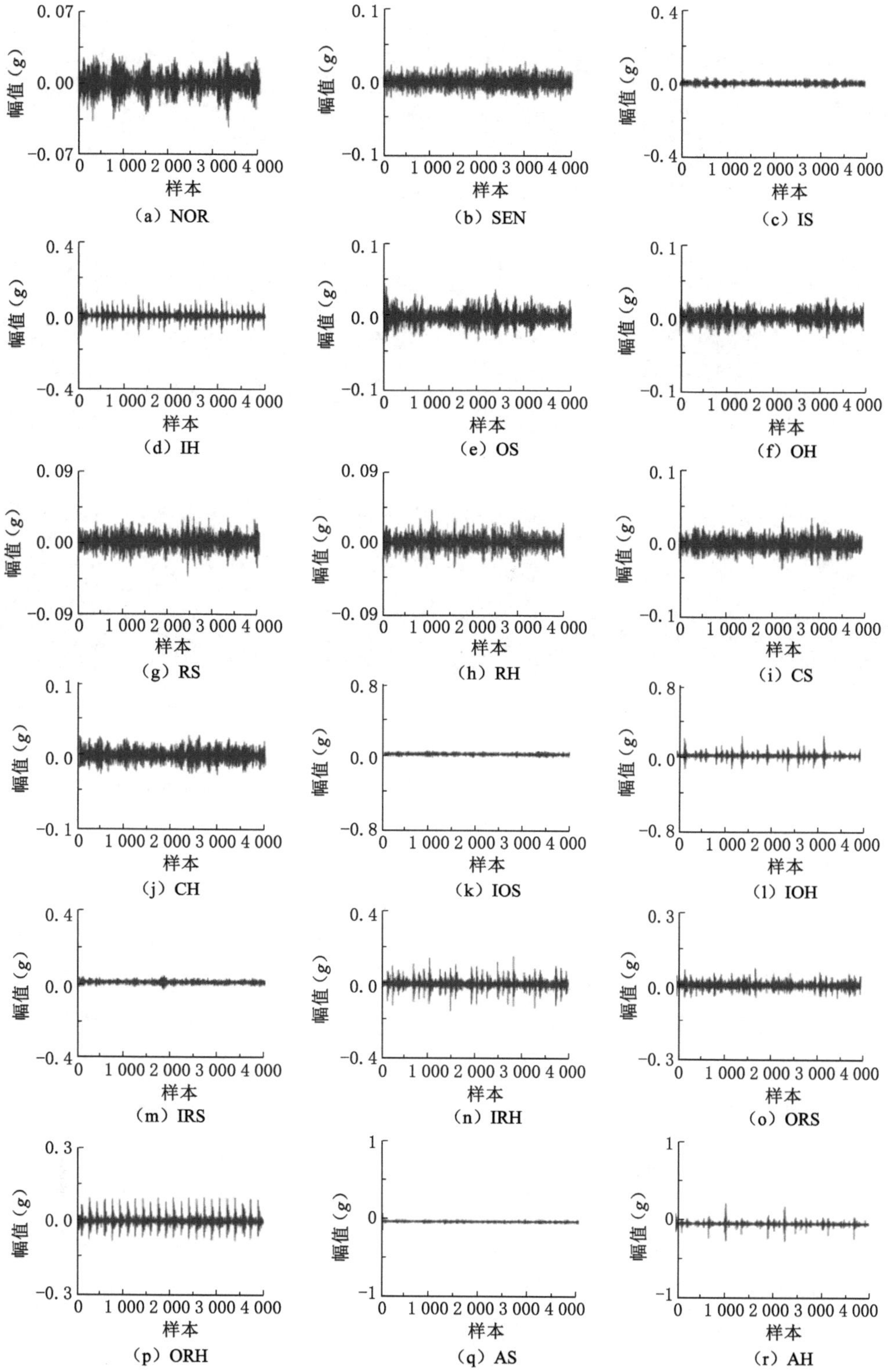

图 4-17　经 VMD 处理后的含传感器螺纹连接松动故障的 18 种情况的振动信号时域波形

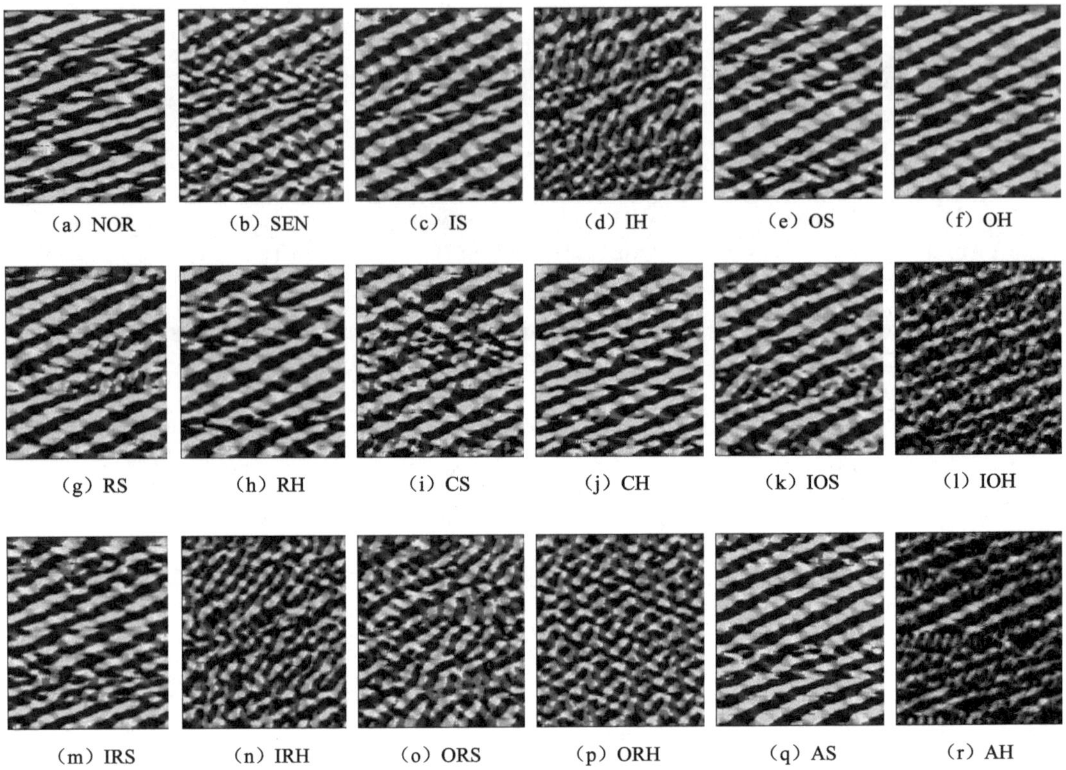

图 4-18 经 VMD 和 LBP 处理的含压电传感器螺纹连接松动故障的滚动轴承 18 种情况的振动信号映射灰度纹理图像

3. 小样本斜齿轮振动图像数据集构建

在一号故障模拟平台上对斜齿轮采用第 3 章所提三方向振动信息融合 GAF 图像生成方法获得振动图像样本，给出局部窗口为 2、4、8 三种情况下 RGB-GASF 和 RGB-GADF 图像。每种工况下不同齿轮状态的三个通道均采集 245 760 点，三个通道均连续无重复地选择 2 048 点构建 RGB-GASF 和 RGB-GADF 图像，每个齿轮状态得到 120 张图像。当局部窗口大小为 2 时，2 048 点被聚合成 1 024 点，构建大小为 1 024×1 024 的图像，然后使用双三次插值将其转换为 256×256 的图像。当局部窗口大小为 4 时，2 048点被聚合成 512 点，构建大小为 512×512 的图像，然后使用双三次插值将其转换为 256×256 的图像。当局部窗口大小为 8 时，2048 点被聚合成 256 点，构建大小为 256×256 的图像。700 r/min、25 N·m 工况下不同齿轮状态三种局部窗口的 RGB-GASF 和 RGB-GADF 图像如图 4-19 所示。

每种工况下不同齿轮状态可得 120 张 RGB-GASF 和 RGB-GADF 图像，共设计两种小样本实验，如表 4-7 所示。

（a）正常　（b）局部断齿　（c）齿面点蚀　（d）齿面磨损　（e）齿根裂纹

（A）局部窗口为2的RGB-GASF和RGB-GADF图像

（a）正常　（b）局部断齿　（c）齿面点蚀　（d）齿面磨损　（e）齿根裂纹

（B）局部窗口为4的RGB-GASF和RGB-GADF图像

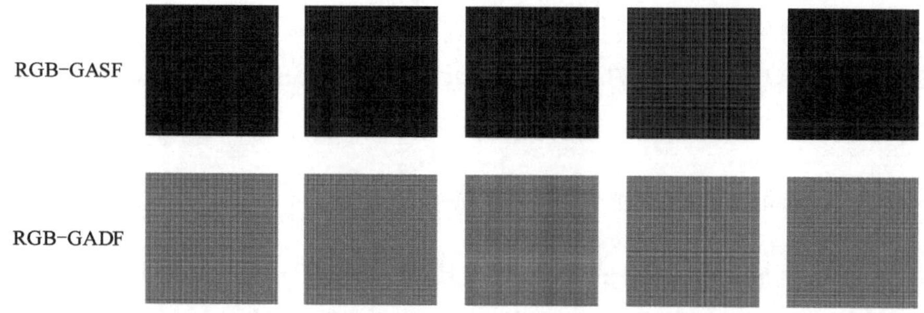

（a）正常　（b）局部断齿　（c）齿面点蚀　（d）齿面磨损　（e）齿根裂纹

（C）局部窗口为8的RGB-GASF和RGB-GADF图像

图 4-19　700 r/min、25 N·m 下三种局部窗口的 RGB-GASF 和 RGB-GADF 图像

表 4-7　斜齿轮小样本振动图像数据集设计说明

数据集	每类训练集/张	训练集总数/张	每类测试集/张	测试集总数/张
A	50	250	50	50
B	70	350	50	50

在 700 r/min、25 N·m 工况下，使用数据集 A 和 ConvNeXt-Tiny 模型对局部窗口为 2、4、8 的 RGB-GASF 和 RGB-GADF 图像进行分类，训练过程中批大小为 32，学习率为 0.002，损失函数为 Cross Entropy Loss，优化器为 AdamW，$\beta_1=0.9$，$\beta_2=0.999$。模型训练所用计算机配置为：OS-Windows 10，GPU-NVIDIA GeForce RTX 4080 16GB，CPU-Intel(R)Core(TM)i7-13700KF 3.40 GHz。六种情况下测试集准确率结果如表 4-8所示。

表 4-8　不同局部窗口大小下 RGB-GASF 和 RGB-GADF 图像分类结果

窗口大小	图像构建方法	准确率/%
2	RGB-GASF	31.6
	RGB-GADF	49.2
4	RGB-GASF	25.6
	RGB-GADF	36.8
8	RGB-GASF	24.8
	RGB-GADF	34.4

由表 4-8 可知，当局部窗口大小固定时，RGB-GADF 图像的分类准确率均高于 RGB-GASF 图像，说明 RGB-GADF 图像的颜色及纹理信息可以更好地表达振动信号特征。当图像构建方法固定时，局部窗口为 2 的图像分类准确率高于 4 和 8 的结果，说明局部窗口大小为 2 时对一维振动信号进行 PAA 处理可以更好地保证信号完整性。因此，优先使用局部窗口大小为 2 的 RGB-GADF(即 2-RGB-GADF)对振动信号进行图像转换。

4.2.3　单一故障下滚动轴承振动图像扩容方法

原始样本数量对生成对抗网络的样本生成质量具有较大影响，同时原始样本数量较少时基于深度学习的故障诊断模型诊断精度会随之下降。针对原始数据集分别研究原始样本数量和扩容比例对故障诊断结果的影响，设计了三组实验。首先，研究采用原始样本时不同数量原始样本下的故障诊断结果；然后，研究当原始样本数量固定时不同数量生成样本对故障诊断结果的影响；最后，根据第二组实验结果选择效果最好的前三组比例对不同数量原始样本下的故障诊断结果进行研究。

1. 原始样本数量固定时不同比例生成样本对数据扩容效果的影响

表 4-9 是在不同数量原始样本下 CNN 模型的故障诊断结果。从表中可以看出，在数据集 E 中，原始样本总数为 1 200，测试集准确率最高，达到 92.5%；随着样本数量的降低，故障诊断模型的准确率越来越低，当样本数量为 400 时，测试集准确率仅 84.0%。可以看出，样本数量对故障诊断模型影响很大，小样本下数据扩容对故障诊断模型训练

具有重要意义。

表 4-9　采用不同数量原始样本的故障诊断结果

数据集	原始样本总数量	测试集样本数量	测试集准确率/%
A	400	200	84.0
B	600		86.0
C	800		90.5
D	1 000		91.5
E	1 200		92.5

如表 4-10 所示，将原始样本数量固定为 800，将生成样本数量从 0 开始依次递增，形成等差数据，公差为 400，构成数据集 C1～C7，从而研究不同扩容比例对故障诊断结果的影响。结果表明，在原始样本数量固定时，原始样本与生成样本之间的比例关系对故障诊断结果的影响是先增后减，转折点出现在 C3，即原始样本数量与生成样本数量比例为 800∶800 时故障诊断的准确率最高，为 95.0%。

表 4-10　在固定原始样本数量下采用不同扩容比例的故障诊断结果

数据集	原始样本数量	生成样本数量	测试集样本数量	测试集准确率/%
C1	800	0	200	90.5
C2		400	200	91.5
C3		800	200	95.0
C4		1 200	200	93.0
C5		1 600	200	92.5
C6		2 000	200	90.5
C7		2 400	200	89.5

由数据集 C1～C7 可知，随着生成样本数量的增加，训练集越丰富，增加了模型鲁棒性，使模型在测试集上对未参与过训练的样本识别率更高，但当生成样本的比例过大时，训练集样本的主体发生变化，训练过程中生成样本占主导地位，而生成样本本身存在偏差，导致故障诊断准确率下降。

2. 生成样本比例固定时不同数量原始样本对数据扩容效果的影响

从表 4-10 的结果中选取故障诊断准确率最高的三组即 C3、C4、C5，也即原始样本数量与生成样本数量的比例分别为 1∶1、1∶1.5、1∶2 时，对不同原始样本数量的数据集 A～E 进行故障诊断研究。如表 4-11 所示，数据集 A～E 中随着原始样本数量的增加，故障诊断模型的准确率提高，同时参与样本扩容模型训练的原始样本越多，则混合后训练集样本的故障诊断准确率越高。

表 4-11 不同数量原始样本数据扩容结果

数据集	原始样本数量	生成样本数量	测试集样本数量	测试集准确率/%
A1	400	0	200	84.0
A3		400	200	89.5
A4		600	200	87.5
A5		800	200	86.5
B1	600	0	200	86.0
B3		600	200	92.5
B4		900	200	92.0
B5		1 200	200	90.0
C1	800	0	200	90.5
C3		800	200	95.0
C4		1 200	200	93.0
C5		1 600	200	92.5
D1	1 000	0	200	91.5
D3		1 000	200	96.5
D4		1 500	200	95.5
D5		2 000	200	96.0
E1	1 200	0	200	92.5
E3		1 200	200	97.5
E4		1 800	200	97.0
E5		2 400	200	96.5

在数据集 A～E 中，原始样本数量与生成样本数量的比例为 1∶1 时故障诊断准确率最高。对比数据集 A 和 E 的结果，发现当参与扩容模型训练的原始样本数量越多，不仅故障诊断准确率提升较多，且在生成样本占比较大时故障诊断模型准确率衰减更慢，即说明小样本数据扩容必须要有一定数量的原始样本来引导学习原始样本的分布规律。

对表 4-11 中的 E1 和 E3 方案，进一步使用测试集混淆矩阵、准确率、精确率、召回率和 F1-score 作为模型评价指标，结果如表 4-12 和图 4-20 所示。分析发现，经数据扩容后，整体准确率提高 5.0%。正常状态、内圈故障的召回率增加 6%，外圈故障的召回率增加 8%，滚动体故障的召回率不变；正常状态、内圈故障、外圈故障和滚动体故障的精确率分别增加 2.2%、4.0%、10.0%、3.5%；正常状态、内圈故障、外圈故障和滚动体故障的 F1-score 分别增加 4.2%、5.0%、9.0%、1.9%。

表 4-12　E1 和 E3 数据扩容前后测试集评价指标结果

样本类别		准确率/%	召回率/%		精确率/%		F1-score/%	
E1	正常	92.5	88.0	平均 92.5	95.7	平均 92.6	91.7	平均 92.5
	内圈		94.0		94.0		94.0	
	外圈		90.0		90.0		90.0	
	滚动体		98.0		90.7		94.2	
E3	正常	97.5	94.0	平均 97.5	97.9	平均 97.5	95.9	平均 97.5
	内圈		100		98.0		99.0	
	外圈		98.0		100.0		99.0	
	滚动体		98.0		94.2		96.1	

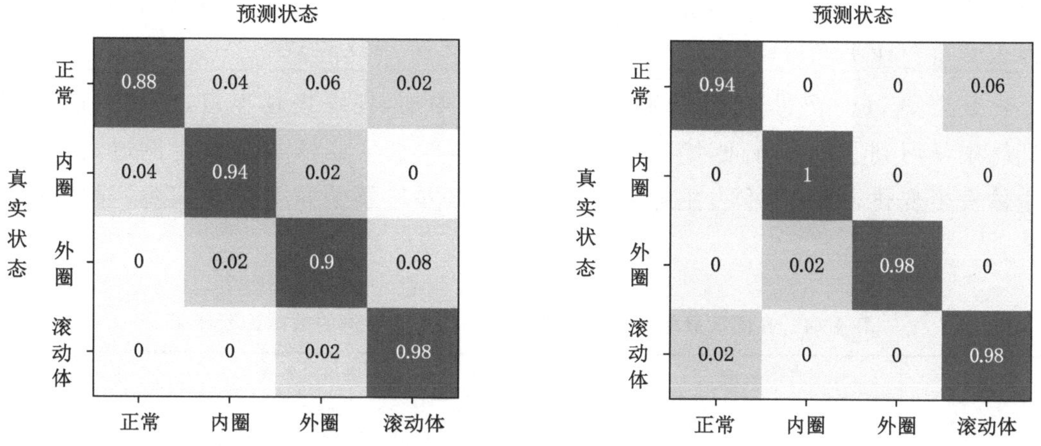

（a）扩容前CNN混淆矩阵　　（b）扩容后CNN混淆矩阵

图 4-20　E1 和 E3 数据扩容前后测试集混淆矩阵结果

4.2.4　复合故障下滚动轴承振动图像扩容方法

为了模拟实际工况下更复杂的故障情况，同时验证扩容模型对更复杂数据的生成能力，在单一故障基础上使用复合故障数据集进行研究，实验设计和研究思路同上。

1. 原始样本数量固定时不同比例生成样本对数据扩容效果的影响

表 4-13 是在不同数量原始样本下故障诊断模型的准确率。从表中可以看出，在数据集 e 原始样本总数为 1 200 时，测试集准确率最高，达到 92.0%；随着样本数量的减少，故障诊断模型的准确率降低，在样本数量为 400 时，测试集准确率仅 81.5%，表明参与训练的样本数量在一定程度上影响故障诊断模型的性能，小样本数据扩容具有研究价值。

表 4-13　采用不同数量原始样本的故障诊断结果

数据集	原始样本总数量	测试集样本数量	测试集准确率/%
a	400	200	81.5
b	600		84.5
c	800		89.0
d	1 000		90.0
e	1 200		92.0

如表 4-14 所示，将原始样本数量固定为 800，将生成样本数量从 0 依次递增，形成等差数列，公差为 400，构成实验数据集 c1～c7，从而研究扩容比例对故障诊断结果的影响。结果表明，在原始样本数量固定时，原始样本与生成样本的比例对准确率的影响是先增大再减小，表现出与单一故障相同的规律。转折点出现在 c3，即原始样本数量与生成样本数量之比为 800∶800 时故障诊断准确率最高，为 93.5%。

由数据集 c1～c7 可知，随着生成样本数量的增加，训练集越丰富，使故障诊断模型在训练中学习到了更多特征，增加了模型鲁棒性，但当生成样本数量比例过大时，训练集主体发生变化，生成样本占主导地位，而生成样本与原始样本存在偏差，导致准确率下降。

表 4-14　在固定原始样本数量下采用不同扩容比例的故障诊断结果

数据集	原始样本数量	生成样本数量	测试集数量	准确率/%
c1	800	0	200	89.0
c2		400	200	92.0
c3		800	200	93.5
c4		1 200	200	92.0
c5		1 600	200	90.5
c6		2 000	200	89.5
c7		2 400	200	87.5

2. 生成样本比例固定时不同数量原始样本对数据扩容效果的影响

通过表 4-14 中 c1～c7 结果选取准确率最高的三组即 c3、c4、c5，也即原始样本数量与生成样本数量的比例为 1∶1、1∶1.5、1∶2 时，对原始样本数量不同的数据集 a～e 进行故障诊断模型研究。如表 4-15 所示，数据集 a～e 随着原始样本数量的增加，模型的故障诊断准确率提高，且参与扩容模型训练的原始样本越多，训练集样本的识别率越高。在数据集 a～e 中，当原始样本数量与生成样本数量之比为 1∶1 时准确率最高，较扩容前分别提高 6.0%、6.0%、4.5%、5.5%、4.5%。

表 4-15　不同数量原始样本数据扩容结果

数据集	原始样本数量	生成样本数量	测试集样本数量	测试集准确率/%
a1	400	0	200	81.5
a3		400	200	87.5
a4		600	200	85.5
a5		800	200	84.5
b1	600	0	200	84.5
b3		600	200	90.5
b4		900	200	89.5
b5		1 200	200	88.0
c1	800	0	200	89.0
c3		800	200	93.5
c4		1 200	200	92.0
c5		1 600	200	90.5
d1	1 000	0	200	90.00
d3		1 000	200	95.50
d4		1 500	200	95.00
d5		2 000	200	93.50
e1	1 200	0	200	92.00
e2		1 200	200	96.50
e3		1 800	200	96.00
e4		2 400	200	95.50

对表 4-15 中 e1 和 e3 方案，进一步使用测试集混淆矩阵、准确率、精确率、召回率和 F1-score 作为模型评价指标，结果如表 4-16 和图 4-21 所示。

表 4-16　e1 和 e3 数据扩容前后测试集评价指标结果

样本类别		准确率/%	召回率/%		精确率/%		F1-score/%	
e1	正常	92.0	96.0	平均 92.0	96.0	平均 92.0	96.0	平均 92.0
	内圈+滚动体		98.0		100.0		99.0	
	外圈+滚动体		90.0		86.5		88.2	
	内圈+外圈		84.0		85.7		84.8	
e3	正常	96.5	100.0	平均 96.5	100.0	平均 96.5	100.0	平均 96.5
	内圈+滚动体		100.0		100.0		100.0	
	外圈+滚动体		94.0		92.2		93.1	
	内圈+外圈		92.0		93.9		92.9	

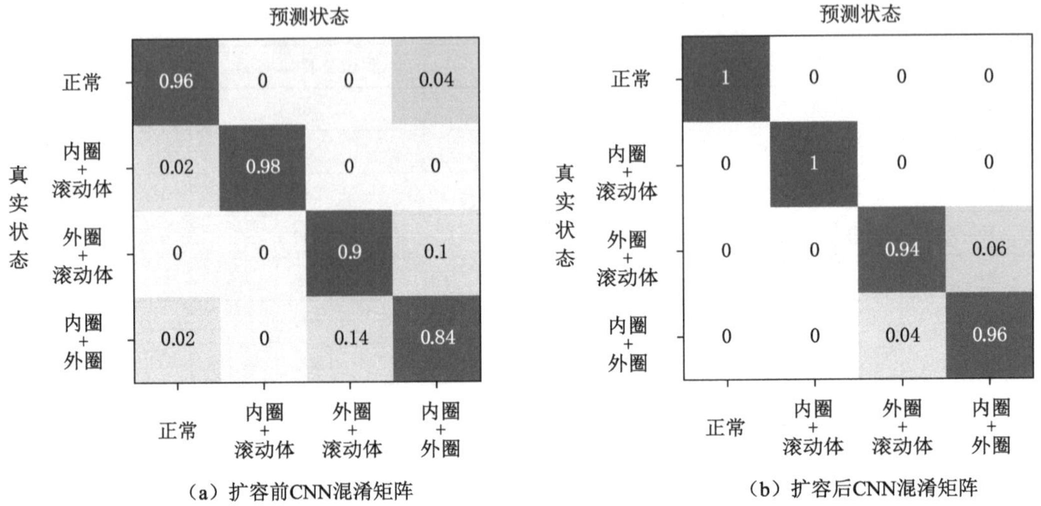

图 4-21 e1 和 e3 数据扩容前后测试集混淆矩阵结果

分析发现,经数据扩容后整体准确率提高 4.5%。正常状态、内圈与滚动体复合故障、外圈与滚动体复合故障和内外圈故障的召回率分别增加 4.0%、2.0%、4.0%、8.0%;正常状态、外圈与滚动体复合故障和内外圈故障的精确率分别增加 4.0%、5.7%、8.2%;内圈与滚动体复合故障精确率前后保持不变;正常状态、内圈与滚动体复合故障、外圈与滚动体复合故障和内外圈故障的 F1-score 分别增加 4.0%、1.0%、4.9%、8.1%。

4.2.5 复杂模式下滚动轴承振动图像扩容方法

针对一号故障模拟实验台上滚动轴承复杂故障模式数据集,研究不同扩容比例下故障诊断模型的测试集准确率。选择 ResNet-18 为振动图像分类模型,设计 B-a 到 B-i 共 9 个实验。研究结果如表 4-17 所示。

表 4-17 不同扩容比例下复杂故障模式数据集 B 的测试集准确率

实验	训练集原始样本数量	训练集生成样本数量	扩容比例	测试集样本数量	测试集准确率/%
B-a	100×18 (18 代表状态数量)	0×18	1∶0	40×18	85.97
B-b		25×18	1∶0.25		86.94
A-c		50×18	1∶0.5		87.64
B-d		75×18	1∶0.75		88.47
B-e		100×18	1∶1		92.78
B-f		125×18	1∶1.25		91.94
B-g		150×18	1∶1.5		88.61
B-h		175×18	1∶1.75		86.39
B-i		200×18	1∶2		85.83

如表 4-17 所示，随着生成样本数量的增加，测试集准确率有所提升，提升至一定程度后，测试集准确率开始下降，直至低于扩容前数据集的结果。

图 4-22 为不同扩容比例下复杂故障模式数据集 B 的测试集准确率结果对比。

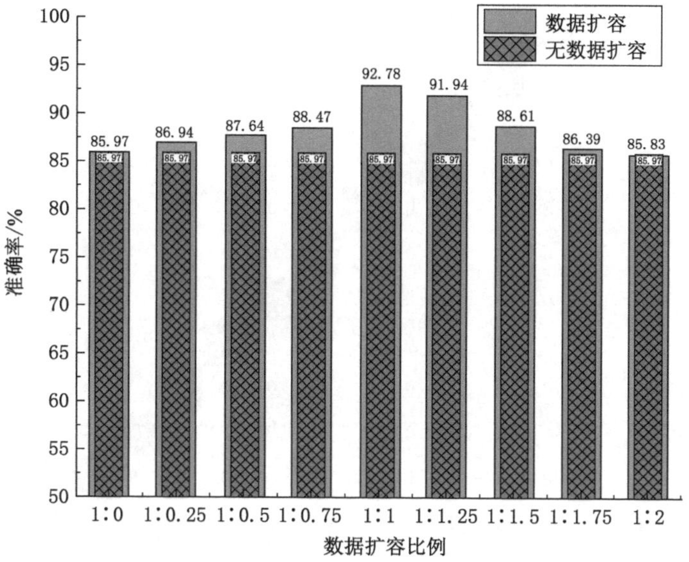

图 4-22　不同扩容比例下复杂故障模式数据集 B 测试集准确率

由图 4-22 可知，当扩容比例为 1∶0 即不扩容时，测试集准确率为 85.97%。当扩容比例为 1∶0～1∶1 时，随着生成样本数量的增加，测试集准确率稳步提升。当扩容比例为 1∶1 时，测试集准确率最高，为 92.78%，较未扩容数据集，测试集准确率提升最多，达 6.81%。由于故障诊断模型训练时，生成样本丰富了训练集，使模型能更好地捕捉数据规律。然而，当原始样本数量与生成样本数量之比超过 1∶1 后，随着生成样本数量的继续增加，训练集虽进一步丰富，但测试集准确率却逐步下降，甚至在原始样本数量与生成样本数量之比为 1∶2 时，测试集准确率比扩容前还低，低了 0.14%。针对该现象，考虑训练集中生成样本数量占比大，训练主体发生转变，而生成样本与原始样本不可避免存在偏差，模型过度适应这些偏差，造成测试集准确率下降。

选取原始样本数量与生成样本数量之比为 1∶1 的情况，混淆矩阵结果如图 4-23 所示。

由于滚动轴承的复杂故障模式涵盖了单故障、双故障及全故障，且双故障和全故障由单故障组合而成，因此在复合故障下振动信号包含单故障特征，且各单故障特征的叠加使信号类间差异变小，增加了故障诊断难度。由图 4-23 可知，针对不同故障模式，模型均有较好的识别能力，且在同一故障模式下模型对故障程度的区分较好。但值得注意的是，在滚动体严重故障模式下模型容易误分，且内圈故障和外圈与滚动体复合故障模式下针对两种不同故障程度，模型分类能力较差。这是由于滚动轴承运行过程中，滚

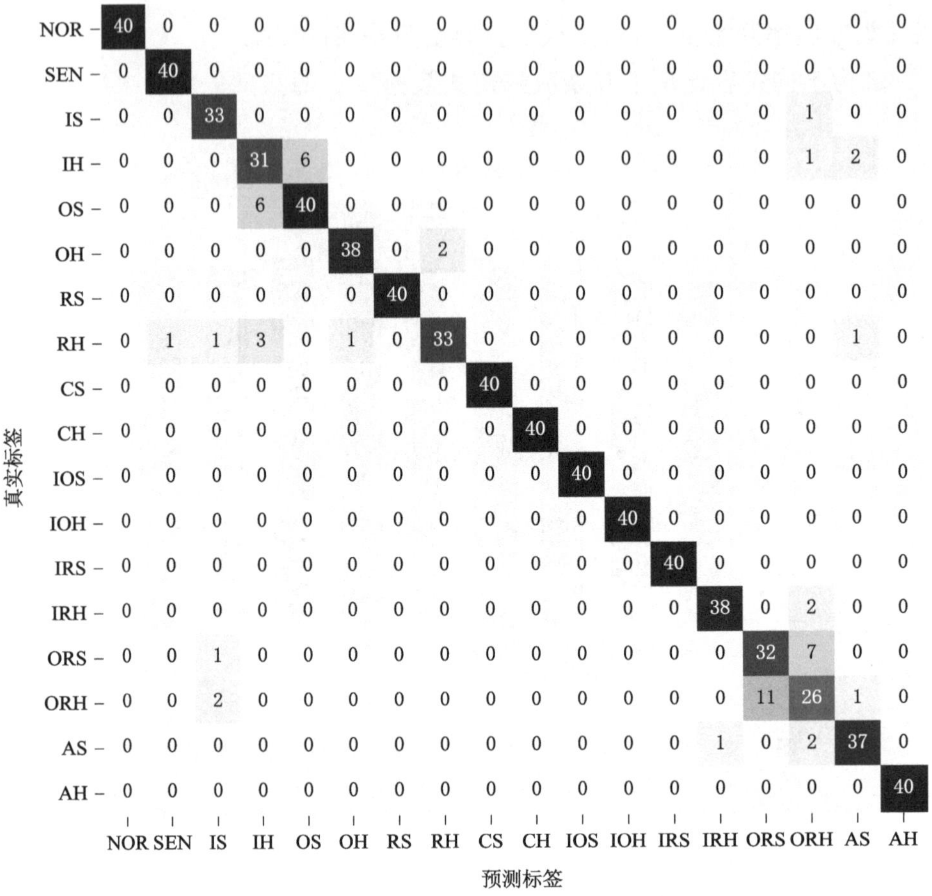

图 4-23　滚动轴承在复杂故障模式下故障诊断模型的混淆矩阵结果

动体故障要靠与内圈或外圈的接触来激发，但由于其实际故障位置与内圈和外圈接触的不确定性，导致严重故障易被误分为其他类型。而内圈故障产生的振动信号距离测点最远，需通过滚动体传递到外圈再传递到测点，传播过程经历能量衰减和噪声混入，使故障程度的区分能力被削弱，导致内圈故障情况下故障程度难以有效分辨。此外，外圈与滚动体之间、滚动体与内圈之间存在间隙，滚动体与外圈的接触存在不确定性，使故障程度的区分能力同样被削弱，导致外圈与滚动体复合故障模式下故障程度难以有效分辨。这些情况的出现是在正常范围内的。总体上，所提方法对滚动轴承复杂故障模式的智能精细诊断是有效的。

4.2.6　斜齿轮振动图像扩容方法

针对所提 DBD-DFF-WGAN-GP 扩容方法，在 700 r/min、25 N · m 工况下，使用斜齿轮数据集 A、B，对比 DCGAN、WGAN-GP、DBD-DFF-WGAN-GP 三种扩容模型。使

用能够度量生成样本相似性和多样性的 FID(frechet inception distance，FID)对扩容效果进行评价，通过预训练 Inception-v3 网络提取原始样本和生成样本特征并计算特征向量间的距离得到 FID 值，该值越小，表明生成样本越接近原始样本。三种扩容模型在训练过程中使用同样的超参数和优化器，生成器学习率为 0.000 2，判别器学习率为 0.000 2，批大小为 5，优化器使用 Adam，其中 $\beta_1=0.5$，$\beta_2=0.9$。训练轮次为 1 500，每间隔 50 轮保存生成器权重并生成 32 张图像，计算原始样本和生成样本之间的 FID。图 4-24 和图 4-25 为 700 r/min、25 N・m 工况下三种扩容模型对数据集 A、B 的样本扩容 FID 对比。由图 4-24 和 4-25 可知，DCGAN 在数据集 A、B 中每种齿轮状态下 FID 值均最大，扩容效果最差且训练过程波动大，WGAN-GP 扩容效果仅次于 DCGAN，DBD-DFF-WGAN-GP 最优，其 FID 值比前两者低，说明生成样本的分布更接近原始样本，且训练稳定性优于 DCGAN 和 WGAN-GP。

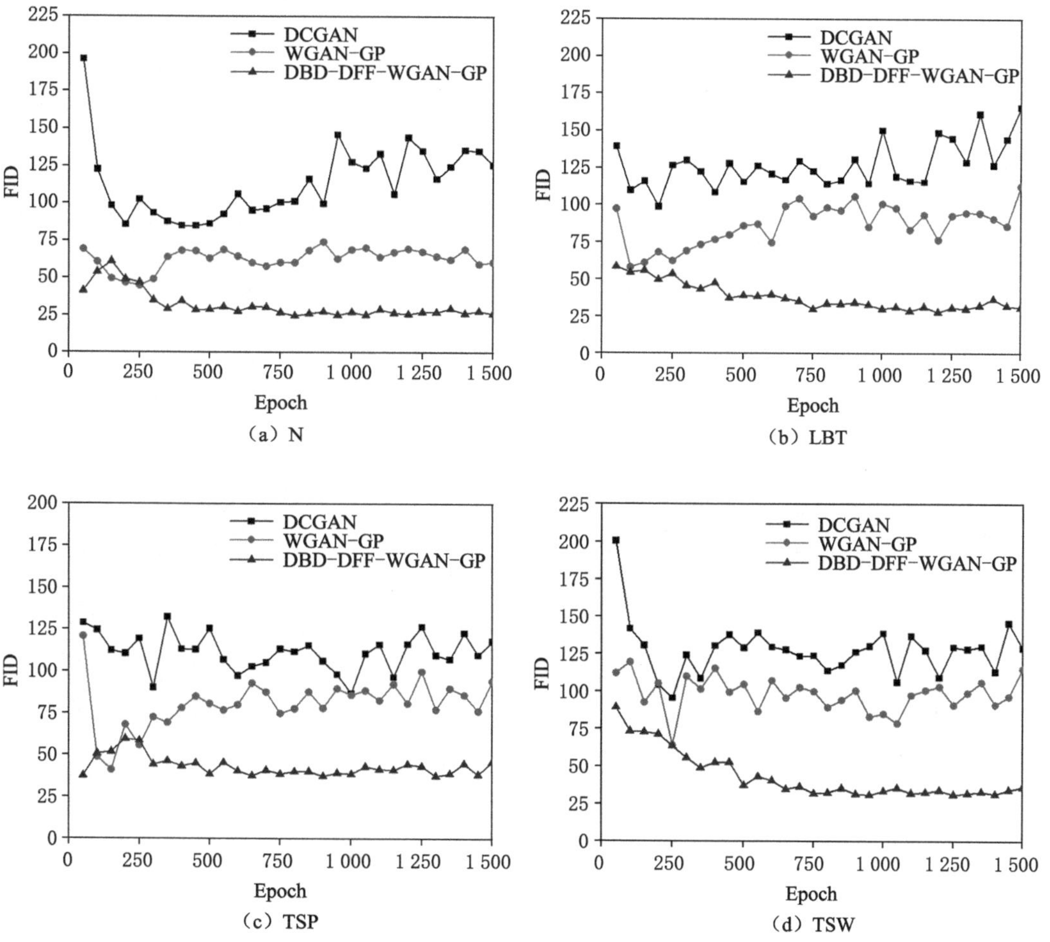

图 4-24　在 700 r/min、25 N・m 下数据集 A 的不同扩容模型 FID

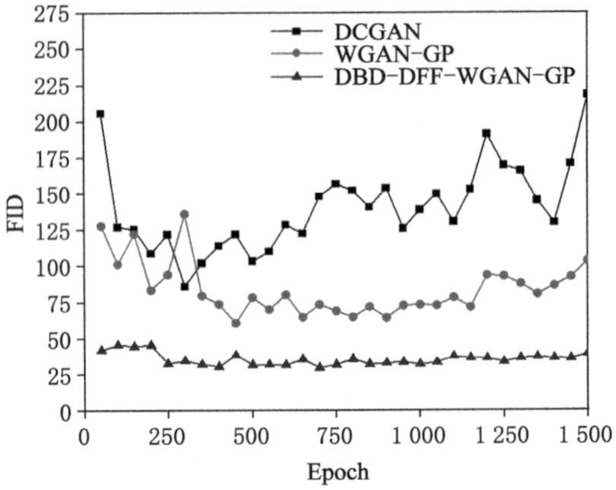

（e）RC

图 4-24 （续）

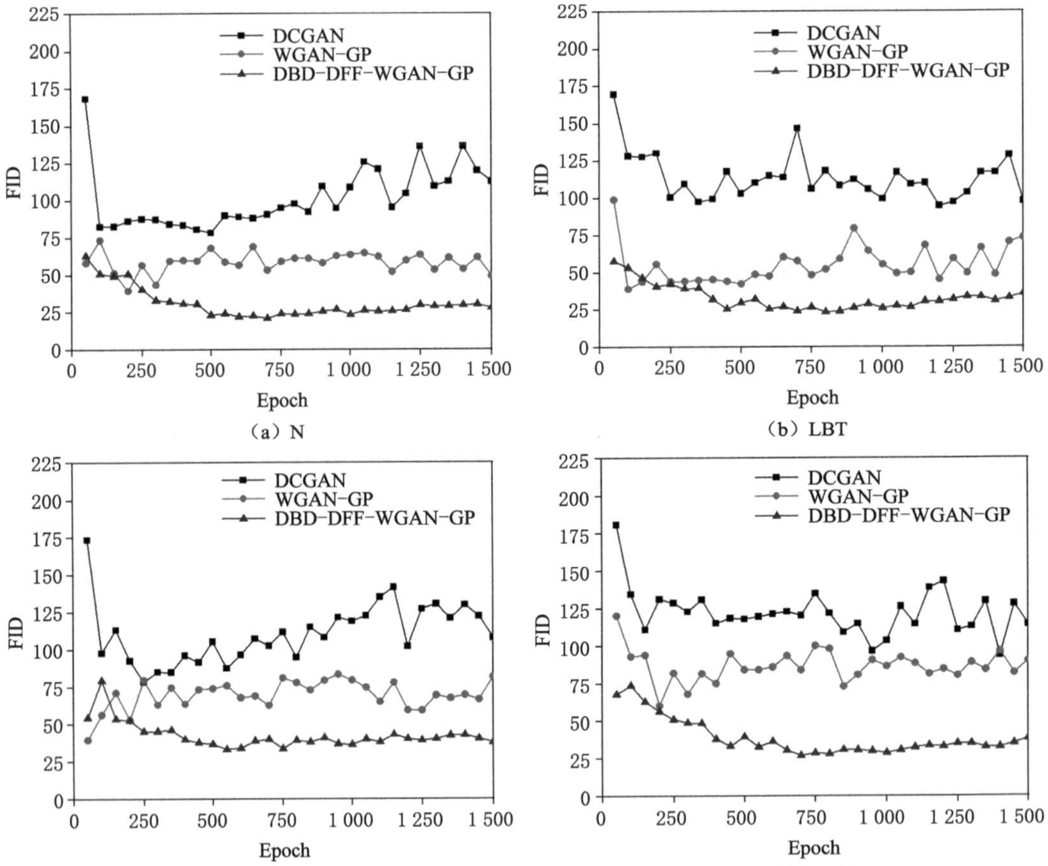

（a）N　（b）LBT　（c）TSP　（d）TSW

图 4-25 在 700 r/min、25 N・m 下数据集 B 的不同扩容模型 FID

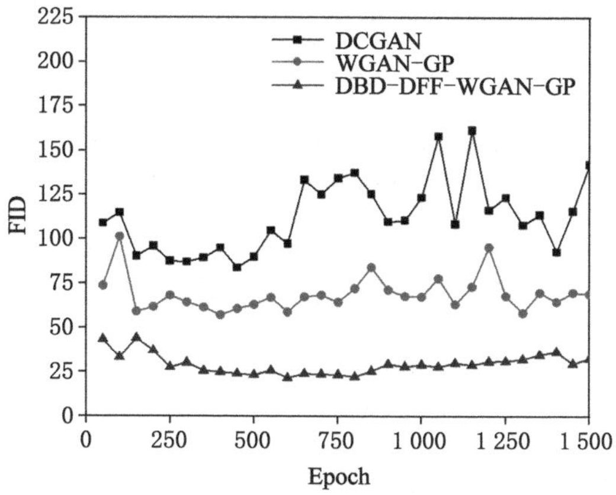

（e）RC

图 4-25　（续）

图 4-26 为 700 r/min、25 N·m 工况五种齿轮状态下不同数据集和样本扩容模型的 FID 最小值和平均值对比。图 4-26 表明，当扩容方法固定时，数据集 B 的扩容效果优于数据集 A，即原始样本数量越多，生成样本的分布越接近原始样本。当数据集固定时，DBD-DFF-WGAN-GP 的扩容效果优于 DCGAN 和 WGAN-GP。

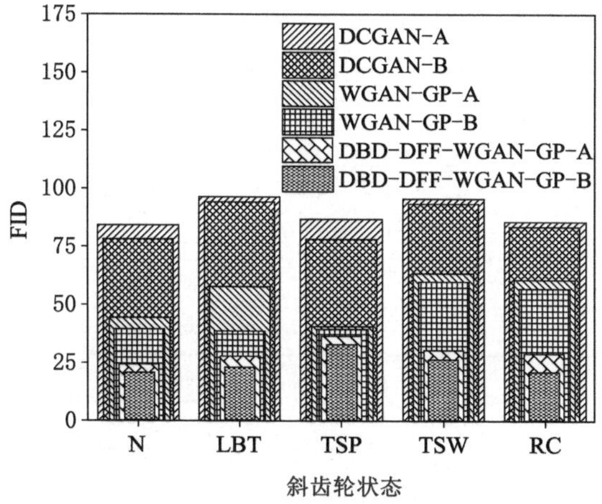

（a）最小值

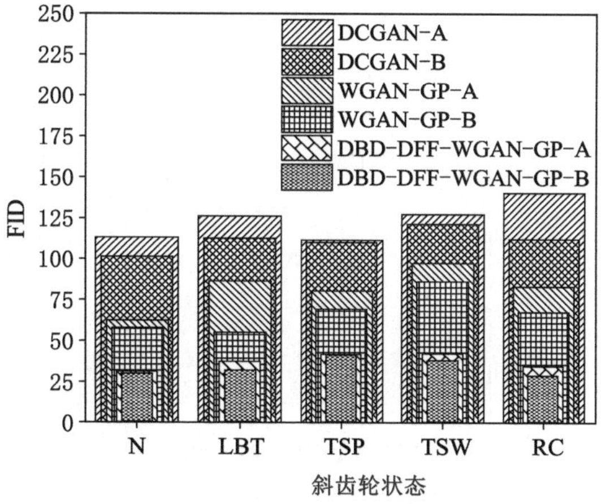

（b）平均值

图 4-26　在 700 r/min、25 N·m 下不同数据集和样本扩容模型的 FID 最小值和平均值

表 4-18 为 700 r/min、25 N·m 工况下不同数据集和样本扩容模型的 FID 最小值和平均值。当扩容方法固定时，五种齿轮状态下数据集 B 的 FID 最小值和平均值均小于数据集 A。例如，在类别 N 下，使用 DBD-DFF-WGAN-GP 对两个数据集进行扩容，数据集 B 较数据集 A 的 FID 最小值和平均值分别减小了 3.75 和 1.34，减幅分别为 15.21％和 4.20％，说明提供给扩容模型的原始样本数量影响生成样本质量。当原始样

本数量增加时，其数据信息更丰富，分布规律更明显，生成器可以更好地捕捉到数据分布规律，则生成样本的分布更接近原始样本。

表 4-18　在 700 r/min、25 N·m 下不同数据集和样本扩容模型的 FID 最小值和平均值

齿轮状态	扩容模型	数据集	FID 最小值	FID 平均值
N	DCGAN	A	84.73	113.41
		B	78.52	101.71
	WGAN-GP	A	44.79	62.85
		B	39.52	58.66
	DBD-DFF-WGAN-GP	A	24.66	31.93
		B	20.91	30.59
LBT	DCGAN	A	98.67	126.92
		B	94.49	113.62
	WGAN-GP	A	58.07	86.55
		B	39.12	55.31
	DBD-DFF-WGAN-GP	A	28.03	38.12
		B	23.25	32.78
TSP	DCGAN	A	87.00	111.63
		B	78.62	110.76
	WGAN-GP	A	41.11	80.74
		B	39.65	69.73
	DBD-DFF-WGAN-GP	A	37.32	43.10
		B	33.22	42.19
TSW	DCGAN	A	95.58	127.62
		B	93.73	122.18
	WGAN-GP	A	63.89	98.33
		B	60.30	86.49
	DBD-DFF-WGAN-GP	A	30.83	43.28
		B	26.89	38.64
RC	DCGAN	A	86.08	140.59
		B	83.76	112.84
	WGAN-GP	A	60.69	84.09
		B	57.17	69.01
	DBD-DFF-WGAN-GP	A	29.57	35.49
		B	21.58	29.33

当数据集固定时，对比不同扩容模型的差异性，以类别 N 为例，对数据集 A，DBD-DFF-WGAN-GP 与 DCGAN 和 WGAN-GP 相比，FID 最小值分别减小 60.07 和 20.13，

减幅为 70.9%和 44.9%，平均值分别减小 81.48 和 30.92，减幅为 71.8%和 49.2%。对数据集 B，FID 最小值分别减小 57.61 和 18.61，减幅为 73.37%和 47.10%，平均值分别减小 71.12 和 28.07，减幅为 69.92%和 47.85%。上述分析证明 DBD-DFF-WGAN-GP 的扩容效果优于 DCGAN 和 WGAN-GP。其他齿轮状态均遵循上述规律。

使用具有最小 FID 值的扩容模型对数据集进行扩容。表 4-19 给出了 700 r/min、25 N·m 和五种齿轮状态下不同模型和数据集的原始样本与生成样本 2-RGB-GADF 图像。可以看出，DBD-DFF-WGAN-GP 生成样本在色彩和纹理上较 DCGAN 和 WGAN-GP 更接近原始样本，证明判别器深层特征融合可以提升模型的样本扩容性能。

表 4-19 在 700 r/min、25 N·m 下不同模型和数据集的原始样本与生成样本的 2-RGB-GADF 图像

<table>
<tr><th rowspan="2">齿轮状态</th><th rowspan="2">数据集</th><th rowspan="2">原始样本</th><th colspan="3">生成样本</th></tr>
<tr><th>DCGAN</th><th>WGAN-GP</th><th>DBD-DFF-WGAN-GP</th></tr>
<tr><td rowspan="2">N</td><td>A</td><td rowspan="2"></td><td></td><td></td><td></td></tr>
<tr><td>B</td><td></td><td></td><td></td></tr>
<tr><td rowspan="2">LBT</td><td>A</td><td rowspan="2"></td><td></td><td></td><td></td></tr>
<tr><td>B</td><td></td><td></td><td></td></tr>
<tr><td rowspan="2">TSP</td><td>A</td><td rowspan="2"></td><td></td><td></td><td></td></tr>
<tr><td>B</td><td></td><td></td><td></td></tr>
</table>

表 4-19(续)

齿轮状态	数据集	原始样本	生成样本		
			DCGAN	WGAN-GP	DBD-DFF-WGAN-GP
TSW	A				
	B				
RC	A				
	B				

基于 DBD-DFF-WGAN-GP 扩容模型在 2-RGB-GADF 图像上的优异表现,对四种工况下的数据集 A、B 进行样本扩容并对比 FID 值。四种工况下样本扩容的 FID 最小值和平均值如表 4-20 所示。四种工况下数据集 A 的 FID 最小值和平均值均大于数据集 B,证明原始样本数量越多生成样本的分布越接近真实样本。

表 4-20　四种工况下不同数据集的 FID 最小值和平均值

工况	齿轮状态	数据集	FID 最小值	FID 平均值
700 r/min、25 N·m	N	A	24.66	31.93
		B	20.91	30.59
	LBT	A	28.03	38.12
		B	23.25	32.78
	TSP	A	37.32	38.12
		B	33.22	32.78
	TSW	A	30.83	43.28
		B	26.89	38.64
	RC	A	29.57	35.49
		B	21.58	29.33

表 4-20(续)

工况	齿轮状态	数据集	FID 最小值	FID 平均值
700 r/min 无负载	N	A	25.33	31.31
		B	23.79	29.68
	LBT	A	19.87	26.22
		B	17.25	25.22
	TSP	A	32.77	45.18
		B	23.53	32.62
	TSW	A	28.39	39.64
		B	27.68	37.27
	RC	A	22.35	28.80
		B	20.62	28.59
2 100 r/min、25 N·m	N	A	26.56	37.82
		B	25.57	33.80
	LBT	A	25.13	33.16
		B	23.36	30.43
	TSP	A	35.84	46.16
		B	34.18	45.53
	TSW	A	30.01	44.53
		B	28.64	42.98
	RC	A	41.32	50.15
		B	39.91	49.89
2 100 r/min 无负载	N	A	36.94	48.36
		B	22.20	31.78
	LBT	A	31.78	42.36
		B	26.92	35.21
	TSP	A	35.29	45.99
		B	32.55	44.58
	TSW	A	40.05	54.13
		B	36.77	49.73
	RC	A	51.01	67.71
		B	49.56	67.52

第5章　机电传动系统故障诊断的深度学习方法

随着智能化技术的推进,机械设备采集的数据量愈加庞大,深度学习在大数据中体现出强大的数据挖掘能力,近年来成为煤矿领域中故障诊断技术研究热点。卷积神经网络(CNN)作为一种重要的深度学习模型,凭借其在图像和时间序列数据处理中的优势,能够有效捕获局部特征,显著提高故障诊断的准确性和鲁棒性。同时,Transformer 网络因其优越的长序列建模能力和并行计算优势,在处理复杂时序数据方面表现出色,能够有效弥补 CNN 在长距离特征捕获上的不足。本章将探讨 CNN 和 Transformer 网络的原理及其在故障诊断中的应用,并通过实例展示深度学习在机电传动系统故障诊断中的实践应用。

5.1　卷积神经网络及其改进模型

5.1.1　卷积神经网络基本原理

卷积神经网络(convolutional neural network,CNN)是一种带有卷积结构的前馈神经网络,被广泛应用于图像识别领域。图 5-1 所示为 CNN 的网络结构示意图。

1. 卷积层

卷积层用于提取图像的一个局部区域的特征,卷积核大小表示每次卷积运算的感受野,其运算示意图如图 5-2 所示。卷积计算公式如式(5-1)所示。

$$\boldsymbol{O}^{l}=\sum_{i=0}^{k}\sum_{j=0}^{k}\boldsymbol{W}_{i,j}^{(l)}\ \boldsymbol{I}_{n+i,m+j}^{(l-1)}+b^{(l)} \tag{5-1}$$

式中,$\boldsymbol{W}_{i,j}^{(l)}$ 是第 l 层中卷积核的权重矩阵,$b^{(l)}$ 为第 l 层的偏置,$\boldsymbol{I}_{n+i,m+j}^{(l-1)}$ 为第 l 层的特征图矩阵,其两个维度坐标参数为 i 和 j;$\boldsymbol{O}^{l}$ 为第 l 层的输出特征图矩阵。

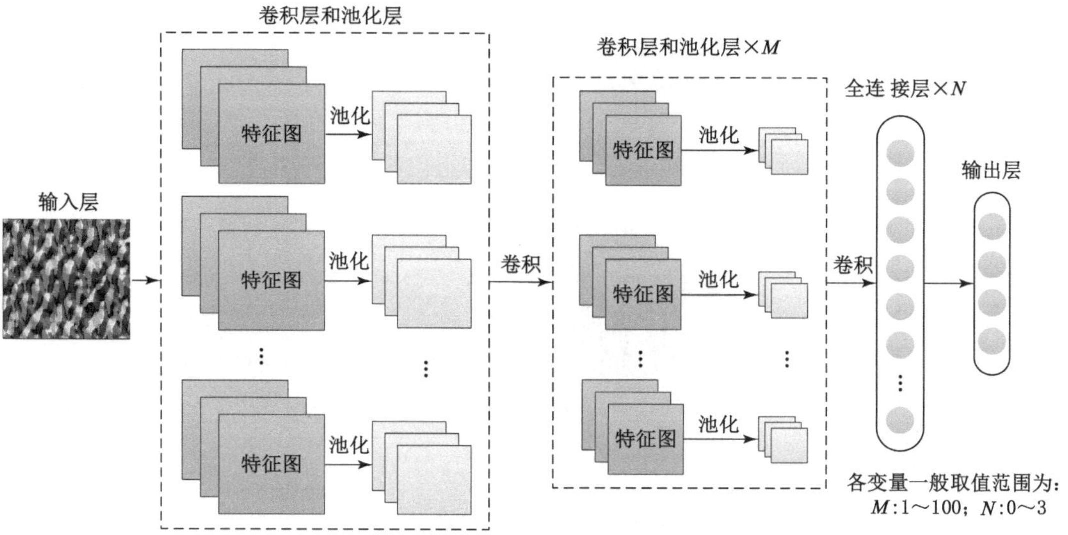

图 5-1　卷积神经网络结构示意图

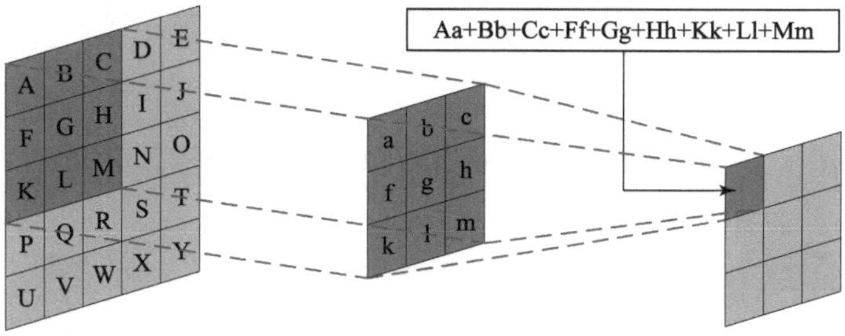

图 5-2　卷积运算示意图

卷积层的权重和偏置通过训练不断更新，使网络在训练数据上的损失不断减小。通过反向传播算法计算梯度，并利用优化方法更新卷积核参数，使网络能够学习到输入数据中的特征信息。这样，经过大量的训练样本迭代学习后，卷积核的权重和偏置会逐渐调整到合适的数值，使网络能够有效地提取特征。此外，通过对输入矩阵进行填充以及设定每次卷积的步长，可以调整输出矩阵的大小。

2. 池化层与全连接层

池化层作用是对输入参数进行特征选择，降低特征数量。常用的池化操作为最大池化和平均池化。图 5-3 为最大池化示意图，其基本原理是利用每个池化窗口中的最大值来减少特征图的尺寸，并提取最显著的特征。而平均池化则是通过计算每个池化窗口中的平均值来进行尺寸缩减。

全连接层的作用是将卷积池化等层计算得到的特征映射到样本标记空间，简单来

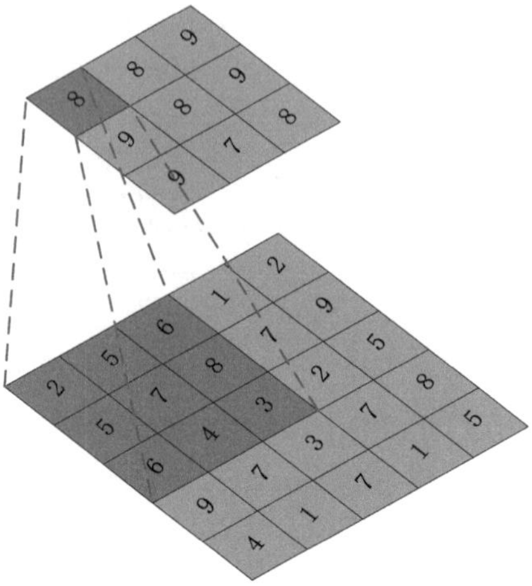

图 5-3　池化运算示意图

说就是将特征整合表示成一个值，具体计算如式(5-2)、式(5-3)所示。

$$z_i^l = \boldsymbol{Y}_i^{(l-1)} \boldsymbol{W}^{(l)} + b^{(l)} \tag{5-2}$$

$$P(\boldsymbol{Y}_i) = \frac{e^{z_i^{(l)}}}{\sum_{u=1}^{L} e^{z_u^{(l)}}} \tag{5-3}$$

式中，$z_i^{(l)}$ 为全连接层的特征值，$\boldsymbol{Y}_i^{(l-1)}$ 为全连接层之前的特征矩阵，$P(\boldsymbol{Y}_i)$ 为对第 $\boldsymbol{Y}_i$ 类样本预测的概率，L 为样本类别总数。

3. 批量归一化层

批量归一化(batch normalization，BN)层由 Sergey Ioffe 和 Christian Szegedy 于 2015 年提出，在 CNN 架构如 ResNet、Inception 和 VGG 等中，几乎都采用了批量归一化层。批量归一化层是一种在深度神经网络中使用的技术，旨在加速训练过程并提高模型的稳定性。具体来说，批量归一化首先是对一个小批量(batch)的输入数据计算均值和方差，然后使用这些统计量对输入数据进行标准化，使其均值为 0，方差为 1，再引入两个可学习的参数，即缩放参数(gamma)和平移参数(beta)，对标准化后的数据进行线性变换。这一过程可以表示为如下公式：

$$\begin{cases} \hat{x}^{(k)} = \dfrac{x^{(k)} - \mu^{(k)}}{\sqrt{\sigma^{(k)2} + \varepsilon}} \\ y^{(k)} = \gamma^{(k)} \hat{x}^{(k)} + \beta^{(k)} \end{cases} \tag{5-4}$$

式中，$\hat{x}^{(k)}$ 表示经过批量归一化处理后的第 k 个特征值，$x^{(k)}$ 是原始输入数据，$\mu^{(k)}$ 和 $\sigma^{(k)2}$ 分别表示第 k 个特征在当前批量中的均值和方差，ε 是一个防止除以 0 的很小的常数，$\gamma^{(k)}$ 和 $\beta^{(k)}$ 则为可学习参数。

在卷积神经网络中，BN 层通常插入到卷积层和非线性激活函数之间。这一安排可以确保每一层的输入分布更加稳定，进而有助于网络更快地收敛。BN 层的使用可以使训练过程对超参数的选择更加鲁棒，从而减少调参的复杂性。此外，BN 层在一定程度上具有正则化效果，能够减轻过拟合现象，使模型在测试数据集上的表现更加优异。

4. 评价指标

一般来说，模型的故障诊断能力可以用对数据分类的准确率表示。想要评价故障诊断模型的性能，一般通过给定一个测试集，将测试集中每个样本输入训练好的故障诊断模型中得到预测结果，再根据预测结果进行指标评价。最常见的评价指标包括准确率（Accuracy）、精确率（Precision）、召回率（Recall）和 F1-score。准确率指测试正确样本个数占总数的比例，计算如式（5-5）所示；精确率指测试中正样本被预测正确的比例，计算如式（5-6）所示；召回率指正样本被召回的比例，计算如式（5-7）所示；F1-score 是衡量分类模型精准度的一种综合指标，可以看作是准确率和召回率的一种调和平均，计算如式（5-8）所示。

$$\text{Accuracy}=\frac{\text{TP}+\text{TN}}{\text{TP}+\text{FN}+\text{FP}+\text{TN}} \tag{5-5}$$

$$\text{Precision}=\frac{\text{TP}}{\text{TP}+\text{FP}} \tag{5-6}$$

$$\text{Recall}=\frac{\text{TP}}{\text{TP}+\text{FN}} \tag{5-7}$$

$$\text{F1-score}=2\times\frac{\text{Precision}\times\text{Recall}}{\text{Precision}+\text{Recall}} \tag{5-8}$$

式中，TP 是真正例，即样本真实类别为正，预测结果也为正；FP 是假正例，即样本真实类别为负，预测结果为正；FN 是假负例，即样本真实类别为正，预测结果为负；TN 是真负例，即样本真实类别为负，预测结果为负。

除了常见的准确率、精确率、召回率和 F1-score 等指标外，模型性能还常用混淆矩阵、ROC 曲线和 AUC、PR 曲线和 AUC、均方误差（MSE）和均绝对误差（MAE）、对数损失（Log Loss）等进行评估。其中，混淆矩阵提供了模型预测结果的分布，ROC 曲线和 AUC 适用于评估二分类模型的分类效果，PR 曲线和 AUC 特别适用于处理不平衡数据，MSE 和 MAE 主要用于衡量回归任务中预测值与真实值的差异。此外，模型参数量、运算次数、模型大小和训练时间也是评估模型性能的重要指标，它们用于衡量模型的复杂度和资源消耗，帮助研发人员选择适用于具体应用场景的模型。模型推理时间和内存使用则直接影响模型在实际应用中的实时性能和资源占用。

模型参数量（model parameters）是指模型中所有可训练参数的总量，参数量越大，模型越复杂，可能具有更强的表达能力，也更容易过拟合，且需要更多的计算资源和训练数据。因此，在设计神经网络时，降低参数量的同时要保证模型的分类性能和泛化能力。

浮点运算次数（floating point operations per second，FLOPs）常用来衡量神经网络

训练和推理过程中的计算量，进而评估模型的计算复杂度和性能消耗。FLOPs越高，表示模型的计算复杂度越高，对计算资源的需求更高。

对卷积层，参数量及FLOPs的计算公式为：

$$\text{Parameters}=C_{\text{out}}\times(C_{\text{in}}\times K_{\text{w}}\times K_{\text{h}}+1) \tag{5-9}$$

$$\text{FLOPs}=2\times(C_{\text{in}}\times C_{\text{out}}\times K_{\text{w}}\times K_{\text{h}}\times F_{\text{w}}\times F_{\text{h}}) \tag{5-10}$$

式中，C_{in}是输入通道数，C_{out}是输出通道数，K_{w} 和 K_{h} 分别是卷积核的宽度和高度，F_{w} 和 F_{h} 分别是输出特征图的宽度和高度。这里，2 表示每个权重参数参与一次乘法和一次加法。

对全连接层，参数量及FLOPs的计算公式为：

$$\text{Parameters}=D_{\text{in}}\times D_{\text{out}}+D_{\text{out}} \tag{5-11}$$

$$\text{FLOPs}=2\times(D_{\text{in}}\times D_{\text{out}}) \tag{5-12}$$

式中，D_{in}是输入维度，D_{out}是输出维度。

模型大小(model size)是指模型的存储空间需求，影响模型的存储和传输效率，通常以MB或GB为单位。较大的模型需要更多的存储空间，不利于在资源受限设备上部署。

训练时间(training time)是指模型从初始化到完成训练所需的总时间，影响模型的开发周期和资源消耗。

通过上述多个指标对模型进行全面的衡量，从而评估模型在不同任务上的整体效果。

5.1.2 卷积神经网络主要参数

以LeNet-5卷积神经网络为例，其是Yann LeCun在1998年设计的用于手写数字识别的CNN框架，是早期CNN中最具代表性的算法之一。相较AlexNet、VGGNet等复杂网络结构，LeNet-5仅含有3个卷积层和2个全连接层，网络结构非常简单。

1. 卷积层超参数

卷积层通过卷积核与图像做卷积运算提取图像特征。合理的参数可以丰富卷积提取的图像特征，使模型分类效果更好。卷积运算参数有卷积核尺寸、数量和卷积步长等。

(1) 卷积核尺寸

卷积核由多维数据组成，其功能与滤波器类似。卷积核尺寸与感受野范围有关，卷积核尺寸越大，感受野范围越大，参数越多，运行速度越慢；反之，卷积核尺寸越小，感受野范围越小，参数越少，运行速度越快。常用的卷积核尺寸有3×3、5×5和7×7等。卷积核对应感受野示意图如图5-4所示。

(2) 卷积核数量

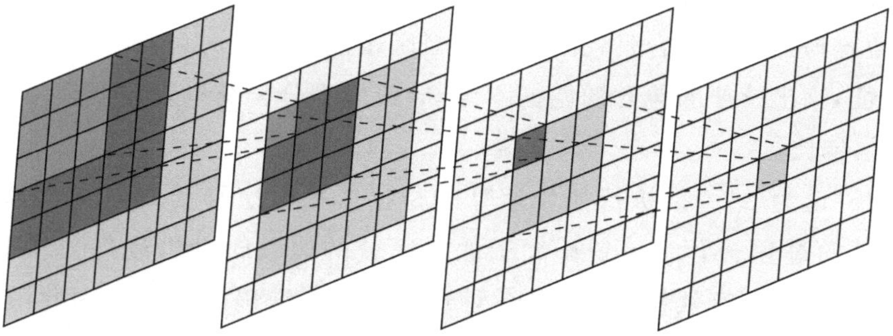

图 5-4　不同尺寸卷积核感受野等效示意图

卷积核的数量影响模型的性能和计算复杂度。卷积核数量越多，模型可学习的特征越丰富，从而能够更好地捕捉输入数据的复杂特征。然而，卷积核数量越多，计算复杂度和内存消耗也越大，这会影响训练和推理速度，尤其是在处理大规模数据集或在资源受限的设备上。因此，需要在特征提取能力和计算复杂度之间进行权衡，选择适当的卷积核数量。在较浅的卷积层中，通常使用较少的卷积核，如 32 或 64。随着层数增加，卷积核数量也相应增加，如 128 或 256。不同的 CNN 架构对卷积核数量的选择可能不同。例如，VGGNet 使用了一种逐层增加卷积核数量的策略，而 ResNet 则在不同的块中保持卷积核数量不变。

(3) 卷积步长

卷积步长作为卷积操作过程中一个重要的参数用来表示感受野中相邻两个卷积运算之间间隔的像素数据量。当步长小于或等于卷积核尺寸时，相邻卷积运算的感受野会紧密相连或发生重叠，此时卷积层能够提取到图像完整的特征信息，从而使模型具有良好的分类效果。当步长大于卷积核尺寸时，卷积运算过程中感受野会丢失部分图像信息，使特征提取不足，造成模型分类效果较差。

2. 池化层超参数

池化层通过对卷积运算输出的特征图指定区域取最大值或平均值进行下采样以降低数据维度，减少参与训练的模型数据量，防止模型过拟合。

(1) 池化方式

池化运算一般包括两种方式，即最大池化(max pooling)和平均池化(avg pooling)。最大池化在每个池化窗口中取最大值，从而突出最显著的特征。平均池化则在每个池化窗口中取平均值，能够平滑特征图并减少噪声，适合于保持特征的整体趋势。两种池化方式都能有效地减小特征图的尺寸，从而降低计算复杂度。

(2) 池化区域大小

池化区域与卷积核感受野类似，两者仅运算种类不同。池化区域用来指定执行池化运算的范围，然后在该区域内进行池化运算。当该区域面积(记为 C)取 1×1 时，池化运算过程即为卷积运算输出特征图的复制过程，模型未进行下采样，参与计算的参数量不变，模型容易出现过拟合且耗时较长。当区域范围过大时，池化过程易忽略图像的部分关键特征，输出特征图包含的特征不足，导致模型分类结果较差。

（3）池化步长

池化步长（记为 S_{pool}）指执行池化运算的指定区域每次移动的间隔，类似于卷积核执行卷积运算的过程。当池化步长大于池化区域的边长时会出现部分特征丢失的情况，使模型无法提取到有效特征，造成模型分类结果不准确的情况。因此，需选择合适的池化步长进行模型训练。当 $S_{pool}=1$ 时，池化过程类似给特征图上的每个像素点重新赋值，池化过程无法起到数据降维的效果，最终结果和池化区域取 1×1 时类似，模型会出现过拟合。

3. 激活函数

卷积层中卷积运算和全连接层中的计算均为线性运算，但其输出特性往往不是线性可分的，为满足分类要求需引入非线性因子。在卷积神经网络中往往通过使用激活函数将线性运算结果非线性化。激活函数的计算公式如式(5-13)所示。

$$y^l = f_{active}(O^{l(i,j)}) \tag{5-13}$$

式中，f_{active} 为激活函数，y^l 为第 l 层特征图矩阵输出。

为了增强模型的表示能力和学习能力，激活函数一般需要具备以下性质：非线性函数、尽可能简单、导函数值域不能过大或过小。常用的激活函数如表 5-1 所示。

表 5-1　常用的激活函数

激活函数	表达式	特点
Sigmoid	$\text{Sigmoid}(x)=\frac{1}{1+e^{-x}}$	单调连续，值域为(0,1)，易求导，可直接利用梯度下降算法优化网络参数，应用广泛
Tanh	$\text{Tanh}(x)=\frac{e^x-e^{-x}}{e^x+e^{-x}}$	值域为(−1,1)，以 0 为中心的对称函数，收敛速度快，不易出现损失值振荡
ReLU	$\text{ReLU}=\begin{cases}x, & x\geqslant0\\0, & x<0\end{cases}$	收敛速度快，能有效缓解梯度弥散问题，引入稀疏激活性提高网络性能
LeakyReLU	$\text{LeakyReLU}=\begin{cases}x, & x\geqslant0\\p*x, & x<0\end{cases}$	引入超参数 p，使 $x<0$ 时能够获得较小的梯度值，避免梯度弥散

4. 学习率

学习率是神经网络训练的重要参数。针对一次模型训练，如果学习率设定的较小，可能会得到较高的训练精度，但收敛速度会受到严重影响；如果学习率设定的较大，会得到与之相反的结果，所以选择适当的学习率对模型训练至关重要。常用的学习率调整策略包括固定学习率和衰减学习率，后者又分为阶梯衰减、指数衰减和 $1/t$ 衰减等。

此外，还有余弦退火和循环学习率，这些方法通过周期性变化学习率提高训练效果。自适应学习率算法如 AdaGrad、RMSprop 和 Adam 则通过动态调整每个参数的学习率来优化训练过程。选择和调整合适的学习率策略对改善 CNN 训练效果至关重要，通常需要通过反复实验进行调优。

5. 优化器

在深度学习中，有很多优化算法能够进行模型最优解的计算，以下为其中四种最常用的优化算法。

(1) 梯度下降算法：即沿着梯度下降的方向求解极小值，也就是以负梯度方向为搜索方向。常用方法是随机梯度下降法（stochastic gradient descent，SGD），如式(5-14)、式(5-15)所示。SGD 采用单个训练样本的损失来近似平均损失，模型训练速度较快。

$$g_t = \Delta J_{i_s}(W_t, X^{(i_s)}, Y^{(i_s)}) \tag{5-14}$$

$$W_{t+1} = W_t - \eta_t g_t \tag{5-15}$$

式中，$\Delta J_{i_s}(W_t, X^{(i_s)}, Y^{(i_s)})$为代价函数 $J_{i_s}(W_t, X^{(i_s)}, Y^{(i_s)})$的相关梯度，$W_t$ 为 t 时刻的模型参数，$X^{(i_s)}$、$Y^{(i_s)}$分别为每次输入与输出的样本，i_s 表示随机选择的一个梯度方向，η_t 为 t 时刻的学习率。

(2) NAG(nesterov accelerated gradient)是一种神经网络训练过程的优化器，改进了标准动量梯度下降方法，通过在计算梯度之前进行一次预测，实现更快的收敛和更稳定的训练。

标准动量梯度下降引入了动量的概念，用于加速收敛并减少振荡。其参数更新公式为：

$$\begin{cases} v_t = \alpha v_{t-1} + \eta_t \Delta J(W_t - \alpha v_{t-1}) \\ W_{t+1} = W_t - v_t \end{cases} \tag{5-16}$$

式中，v_t 为动量向量，代表了之前梯度的积累；α 为动量系数，通常取值在[0,1]之间；η_t 为学习率；$\Delta J(W_t - \alpha v_{t-1})$为损失函数对 W_t 的梯度。

NAG 的关键在于通过预测点来获得更准确的梯度信息，使优化过程能够更快地找到损失函数的最小值，并在训练深层神经网络时表现出色。

(3) 动量优化算法：SGD 优化器因为变量更新频繁，造成损失函数有严重的振荡，容易陷入局部极值，并且容易被困在鞍点。在梯度下降法基础上进行改变并提出了动量优化方法 Momentum，如式(5-17)、式(5-18)所示。Momentum 在梯度下降过程中加入了惯性，使在梯度方向不变的维度上速度快，梯度方向有改变的维度上速度慢，以加快收敛、减小振荡。

$$v_t = \alpha v_{t-1} + \eta_t \Delta J(W_t, X^{(is)}, Y^{(is)}) \tag{5-17}$$

$$W_{t+1} = W_t - v_t \tag{5-18}$$

式中，v_i 表示 t 时刻积攒的加速度，α 表示动力大小，一般取 0.9。

(4) 自适应优化算法:动量算法使深度学习的损失对多个参数空间方向敏感,但其引入了新的超参数,而传统算法中学习率为常数,忽视了其变化的可能性。Adam 是一种自适应学习率优化算法,如式(5-19)、式(5-20)、式(5-21)所示。Adam 中动量直接并入梯度一阶矩的估计,且 Adam 优化算法在计算一阶矩和二阶矩的估计时,考虑了偏置修正,特别是在初始阶段从原点初始化,确保了在训练初期所估计的矩不会受到初始值的影响过大,使算法更加稳定和可靠。

$$\begin{cases} m_t = \mu * m_{t-1} + (1-\mu) * g_t \\ n_t = v * n_{t-1} + (1-v) * {g_t}^2 \end{cases} \tag{5-19}$$

$$\begin{cases} \hat{m}_t = \dfrac{m_t}{1-\mu^t} \\ \hat{n}_t = \dfrac{n_t}{1-v^t} \end{cases} \tag{5-20}$$

$$\Delta\theta_t = -\frac{\hat{m}_t}{\sqrt{\hat{n}_t}+\varepsilon} * \eta \tag{5-21}$$

式中,m_t、n_t 分别为对梯度一阶矩的估计和二阶矩的估计,$\hat{m}_t$、$\hat{n}_t$ 为对 m_t、n_t 的修正,$\Delta\theta_t$ 为受到动态约束的学习率。

6. 正则化

深度学习模型训练过程中有时会出现过拟合问题,即模型在训练数据集上表现良好而在验证数据集和测试数据集上表现不佳。加入正则化可以有效地改善过拟合问题,正则化的主要目的是控制模型的复杂度,以减小过拟合。常用的正则化方法包括 L1 正则化和 L2 正则化。

L1 正则化是通过在损失函数中添加权重的绝对值之和来限制模型复杂度,公式为:

$$L = L_0 + \lambda \sum_i |w_i| \tag{5-22}$$

式中,L_0 为原始损失函数,λ 为正则化强度,$|w_i|$ 为模型权重。

L2 正则化则是添加权重的平方和,公式为:

$$L = L_0 + \lambda \sum_i {w_i}^2 \tag{5-23}$$

5.1.3 倒三角通道分布卷积神经网络

1. ConvNeXt 模型

ConvNeXt 是 2022 年提出的卷积神经网络模型,有 Tiny、Small、Base、Large 和 XLarge 五个版本。ConvNeXt 以 ResNet50 为基础,并借鉴 Swim Transformer 的设计理念而建立,其特征提取能力强于传统 CNN 和 Swim Transformer。这里,选用 ConvNeXt-Tiny 为基础模型,其结构如图 5-5 所示。

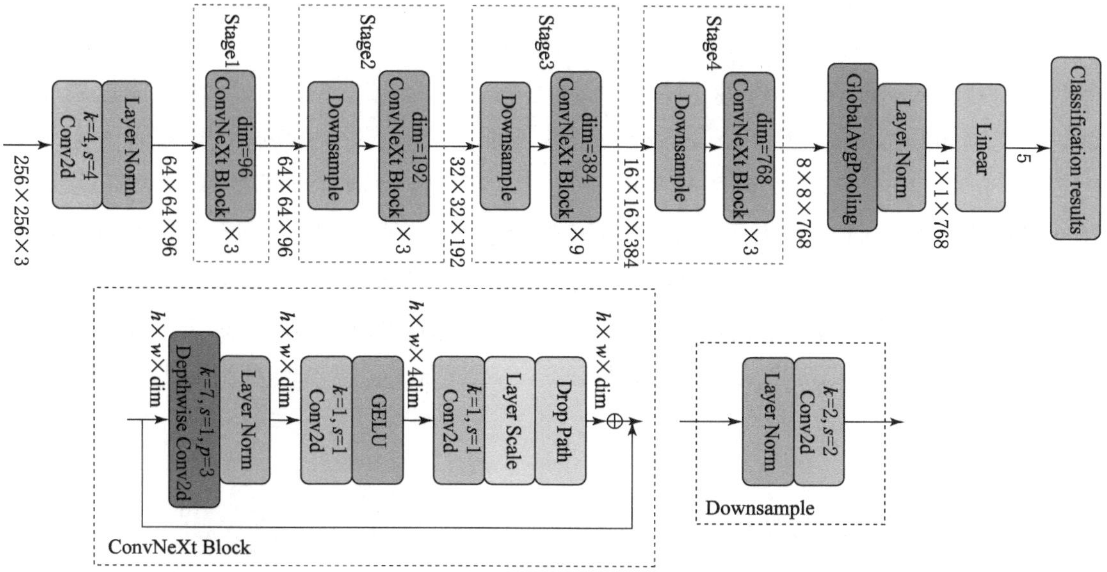

图 5-5　ConvNeXt-Tiny 模型结构示意图

图 5-5 中，k 表示卷积核大小，s 表示步长，p 表示填充个数，dim 表示每个阶段 ConvNeXt Block 输入的通道数。输入特征图大小为 256×256×3，三个参数分别表示输入的长、宽和通道数。输入经过由卷积层和层标准化(layer normalization，LN)构成的初始下采样层后，输出尺寸为 64×64，通道数被扩大到 96。经过初始下采样层处理后，特征图经过四个阶段 ConvNeXt Block 层的处理。ConvNeXt Block 层将上层输入经过卷积核大小为 7×7 的深层可分离卷积(depthwise separable convolution)，并对输出进行 LN 处理，然后经过卷积核大小为 1×1 的卷积层，并采用 GELU 对输出进行处理，将通道数扩大四倍，最后再将输出结果经过卷积核大小为 1×1 的卷积层处理，将通道数缩小 4 倍，并在最后一个卷积层后添加 Layer Scale 和 Drop Path 层对输出结果进行缩放和正则化处理，最终将最后一个卷积层输出结果与输入相加作为 ConvNeXt Block 层的输出。四个阶段 ConvNeXt Block 层的层数堆叠次数比为 3∶3∶9∶3，其中第二到第四阶段的 ConvNeXt Block 层前均添加一个由 LN 和卷积核大小为 2×2、步长为 2 构成的下采样层，该层将上一层输出特征图的长和宽均缩小为原来的 1/2。四个阶段 ConvNeXt Block 层处理后的结果通过一个全局平均池化层后经 LN 处理，输出 1×1×768，通过一个全连接层输出分类结果。

2. 倒三角通道分布 ConvNeXt 模型

ConvNeXt-Tiny 模型网络结构四个阶段的 ConvNeXt Block 层输入的通道数分别为 96、192、384 和 768，然而通道数逐步增大会导致每个 ConvNeXt Block 层的参数量增大，模型复杂度增大，从而导致训练时间过长和过拟合风险增加，即数据在训练集上表现非常好而在测试集上表现极差，模型泛化力下降。为此，提出一种倒三角通道分布的ConvNeXt(inverted triangular channel distribution-ConvNeXt，ITCD-ConvNeXt)，该模型四个阶段的 ConvNeXt Block 层输入的通道数分别为 128、64、32、16。对比这两个模型的通道数可以看出，ITCD-ConvNeXt 的第一阶段 ConvNeXt Block 层的输入通道数比 ConvNeXt-Tiny 多，浅层使用较大的通道可以帮助模型捕捉数据的基本特征，从而更好地对输入数据进行初步表示。第二到第四阶段 ConvNeXt Block 层的输入通道数比 ConvNeXt-Tiny 少，较少的通道数可以减少每一层的参数量，降低模型复杂度，且可以使模型逐步捕捉到数据的高级特征。ITCD-ConvNeXt 模型结构如图 5-6 所示，ConvNeXt-Tiny 和 ITCD-ConvNeXt 四个阶段 ConvNeXt Block 层参数对比如表 5-2 所示。

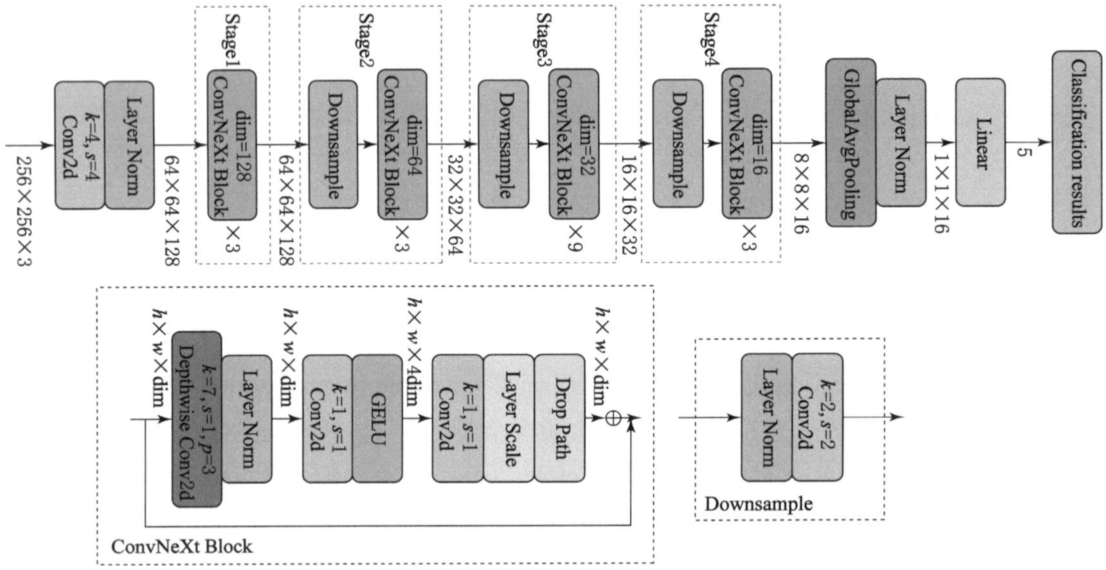

图 5-6　倒三角分布 ConvNeXt 模型结构示意图

表 5-2　ConvNeXt-Tiny 和 ITCD-ConvNeXt 四个阶段 ConvNeXt Block 层参数

层名称	网络类型	
	ConvNeXt-Tiny	ITCD-ConvNeXt
第一阶段 ConvNeXt Block	$\begin{bmatrix} s{:}7\times7,\text{dim}{:}96 \\ s{:}1\times1,\text{dim}{:}384 \\ s{:}1\times1,\text{dim}{:}96 \end{bmatrix}\times3$	$\begin{bmatrix} s{:}7\times7,\text{dim}{:}128 \\ s{:}1\times1,\text{dim}{:}512 \\ s{:}1\times1,\text{dim}{:}128 \end{bmatrix}\times3$
第二阶段 ConvNeXt Block	$\begin{bmatrix} s{:}7\times7,\text{dim}{:}192 \\ s{:}1\times1,\text{dim}{:}768 \\ s{:}1\times1,\text{dim}{:}192 \end{bmatrix}\times3$	$\begin{bmatrix} s{:}7\times7,\text{dim}{:}64 \\ s{:}1\times1,\text{dim}{:}256 \\ s{:}1\times1,\text{dim}{:}64 \end{bmatrix}\times3$

表 5-2(续)

层名称	网络类型	
	ConvNeXt-Tiny	ITCD-ConvNeXt
第三阶段 ConvNeXt Block	$\begin{bmatrix} s:7\times7,\text{dim}:384 \\ s:1\times1,\text{dim}:1536 \\ s:1\times1,\text{dim}:384 \end{bmatrix}\times9$	$\begin{bmatrix} s:7\times7,\text{dim}:32 \\ s:1\times1,\text{dim}:128 \\ s:1\times1,\text{dim}:32 \end{bmatrix}\times9$
第四阶段 ConvNeXt Block	$\begin{bmatrix} s:7\times7,\text{dim}:768 \\ s:1\times1,\text{dim}:3072 \\ s:1\times1,\text{dim}:768 \end{bmatrix}\times3$	$\begin{bmatrix} s:7\times7,\text{dim}:16 \\ s:1\times1,\text{dim}:64 \\ s:1\times1,\text{dim}:16 \end{bmatrix}\times3$

表 5-2 中，s 表示卷积核大小，dim 表示该层的输出通道。由表 5-2 可知，ITCD-ConvNeXt 四个阶段 ConvNeXt Block 层除第一阶段通道数大于 ConvNeXt-Tiny，其余三个阶段均远小于 ConvNeXt-Tiny，且 ITCD-ConvNeXt 四个阶段 ConvNeXt Block 层的通道数依次减小，整体呈倒三角结构，该结构通过通道数依次减小对数据特征进行聚焦捕捉，不但减小了模型复杂度和大小，提高了训练速度，还可以防止过拟合而提高诊断效果。

5.1.4　Inception 改进卷积神经网络

针对滚动轴承复合故障诊断精度低的问题，开展基于 Inception 模块改进卷积神经网络的滚动轴承智能故障诊断。采用改进的 Inception 模块替代普通 CNN 的卷积层，通过使用不同的卷积核提取不同尺度的信息，与 CWGAN-GP 结合，能够完成复杂数据集上滚动轴承的智能故障诊断。

1. Inception 模块

在卷积神经网络中，通常通过增加网络深度和宽度来实现更好的识别性能，更深的网络结构代表模型经过了更多的非线性激活函数，意味着可以学习更复杂的深层特征。但是，随之而来的是深层网络的梯度不稳定和梯度弥散问题。Inception 模块包括多个卷积或池化层，组成不同通路后堆叠组装成一个模块，既能增加感受野，又能提高模型鲁棒性，如图 5-7 所示。

2. 改进的卷积神经网络

Inception 模块使用三个不同的卷积核提取特征，可以不同尺寸对视觉信息进行聚合，方便从不同尺度进行特征提取。如图 5-8 所示，以一个 5×5 特征图为例，使用 1×1 卷积核时，最初的特征图无需进行填充，输出为 5×5 特征图；使用 3×3 卷积核时，不填充将输出 3×3 特征图，无法与 1×1 卷积核堆叠，所以需要进行填充以确保不同卷积核输出特征图在相同维度完成特征图堆叠；使用 5×5 卷积核时，需要增大填充。

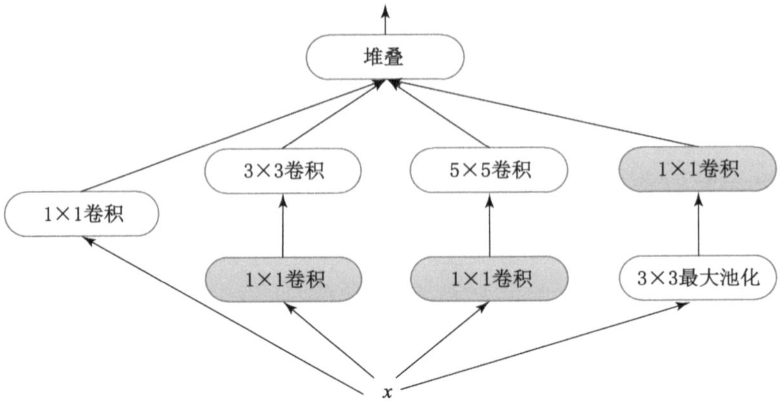

图 5-7 Inception 模块基本结构示意图

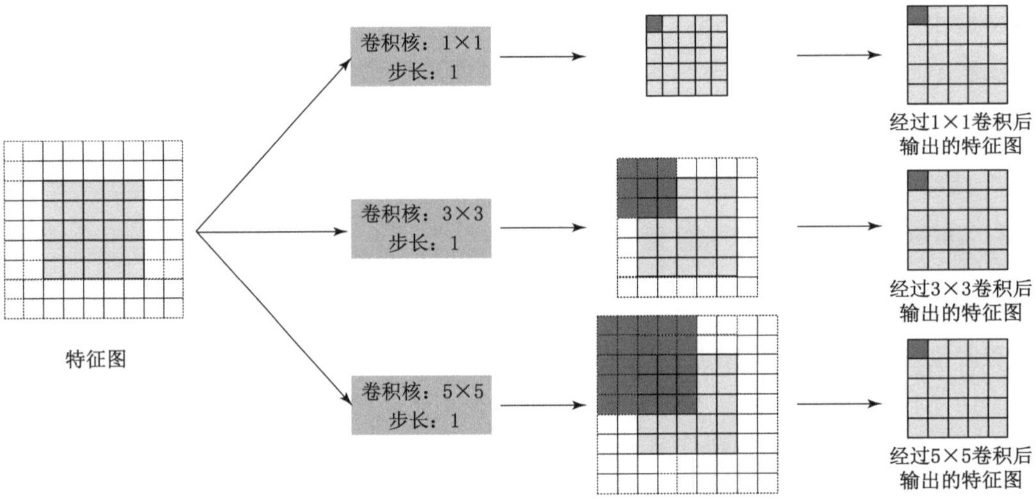

图 5-8 Inception 模块填充卷积示意图

如图 5-9 所示，改进的 Inception 模块在原始 Inception 模块上，通过在不同的卷积核后加入不同的池化层，无需进行填充，且使用相同大小的特征图经过不同的卷积核后输出相同的特征图。以图 5-9 中 5×5 特征图为例，使用 1×1 卷积核，步长为 1 时，输出为 5×5 的特征图，再进行大小为 5×5、步长为 1 的池化，最后输出为 1；使用 3×3 卷积核，步长为 1 时，输出为 3×3 的特征图，再进行大小为 3×3、步长为 1 的池化，最后输出为 1；使用 5×5 卷积核，步长为 1 时，输出为 1；再将三个输出的特征图进行叠加，构成一个改进的 Inception 模块。相比原始的 Inception 模块，此模块针对不同的卷积核采用不同的池化操作使其输出的特征图大小相同，取消填充；在使用不同的卷积核提取特征的同时，完成了特征图的降维；改进的 Inception 模块在卷积后加入池化，确保相同大小的特征图进行不同的卷积层特征提取后拥有相同的输出进行堆叠。

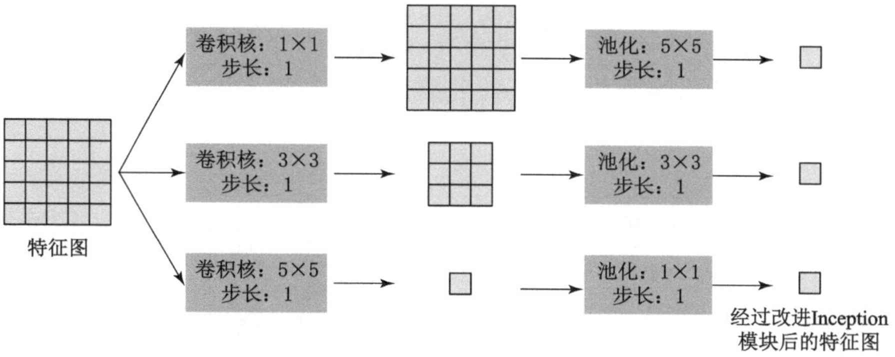

图 5-9　改进 Inception 模块卷积池化示意图

如图 5-10 所示，(a)为原始的 LeNet-5 模型，(b)为改进后的 LeNet-5 模型，可以看出改进的 LeNet-5 模型使用改进的 Inception 模块代替了原始 5×5 卷积层，使用 1×1、3×3、5×5 三个不同的卷积核提取特征图不同尺度的信息。

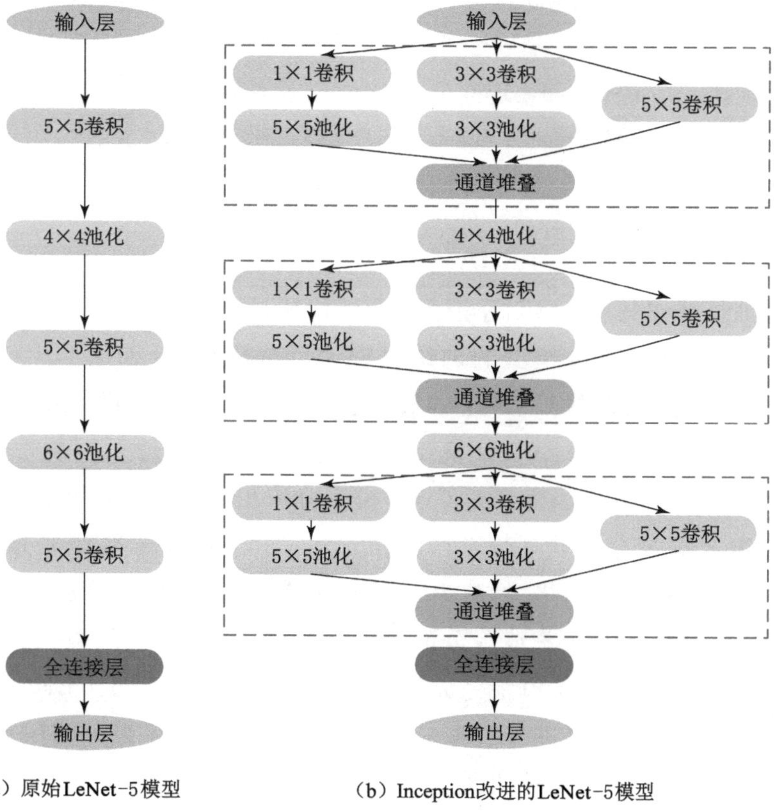

图 5-10　原始 LeNet-5 模型和改进的 LeNet-5 模型结构对比

5.1.5 SVM 改进卷积神经网络

为了提高 CNN 模型的故障诊断准确率，提出一种 SVM 改进的卷积神经网络模型，即用 SVM 替代 Softmax 作为 CNN 的分类器。图 5-11 给出了 CNN 与 SVM 结合原理及模型中数据流向。

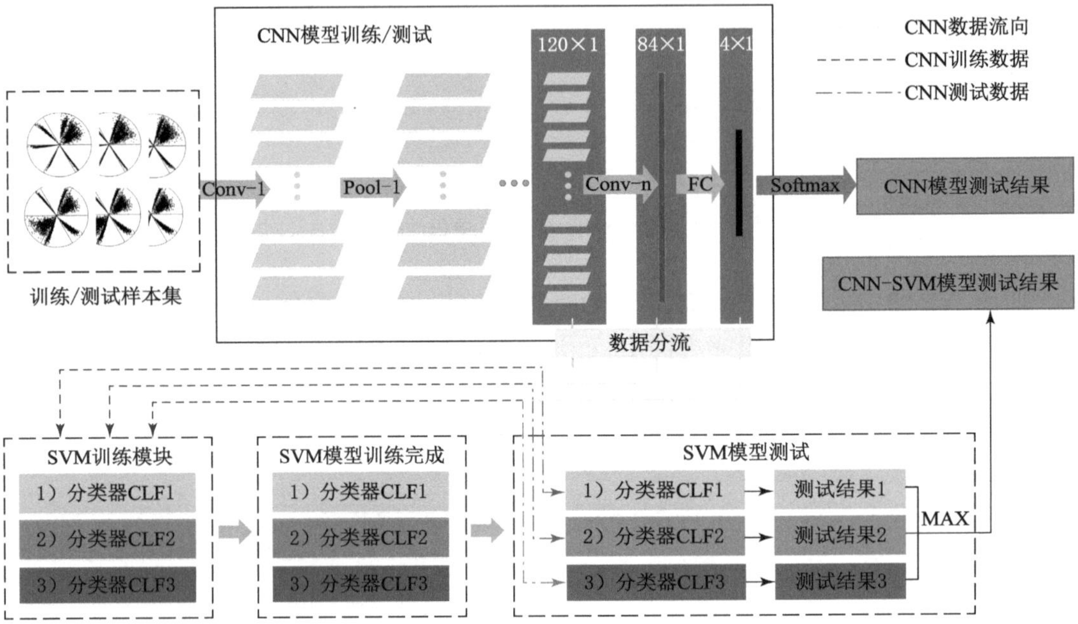

图 5-11　CNN-SVM 模型的工作原理

首先，将训练样本集输入 CNN 模型，进行特征自适应提取；然后，经过 Softmax 得到分类结果；这是常规 CNN 模型的训练过程，在该过程中分别从 CNN 模型的倒数第 1、2、3 层进行数据分流，即将 CNN 中的数据引入 SVM 训练中，图 5-11 中实线即为分流的数据，且该分流过程不会对 CNN 模型训练造成影响。设计了一种 SVM 训练模块，由 3 个独立的 SVM 构成。因为经过 CNN 模型分流出的 3 组数据是经过不同程度的特征提取的，每组数据量分别为 120×1、84×1 与 4×1，对这 3 组数据分别采用独立的 SVM 进行训练，将这 3 个 SVM 封装为 1 个训练模块，在测试时只输出 3 个 SVM 中准确率最高的结果。图 5-11 中虚线为分流的训练数据，经过分流的数据将分别送入设定好的 3 个 SVM 中，SVM 训练模块完成训练即得到 CLF1、CLF2、CLF3 分类器；当测试数据集输入 CNN 模型时，再进行数据分流，图 5-11 中点划线为分流的测试数据，对该数据使用 CLF1、CLF2、CLF3 分类器进行测试得到 3 个结果，输出最大值 MAX 即为 CNN-SVM 模型的测试结果。

5.1.6　轻量化卷积神经网络

MobileNetV3 是一种用于移动和嵌入式设备的高效的卷积神经网络模型，于 2019 年提出，它结合神经架构搜索（NAS）和 NetAdapt 技术建立，其特征提取能力强于传统 CNN，并引入了新的激活函数 h-swish 和 SE 模块，进一步提升了模型的性能和效率。以 MobileNetV3 为基础网络，进行模型宽度优化，构建一个 Fast-MobileNetV3 结构，模型结构如图 5-12 所示。模型的主要改进是倒残差结构（inverted residuals）和线性瓶颈（linear bottlenecks）。这些改进旨在减少计算量、提高模型表达能力，并在保持低延迟的同时提供高的准确性。

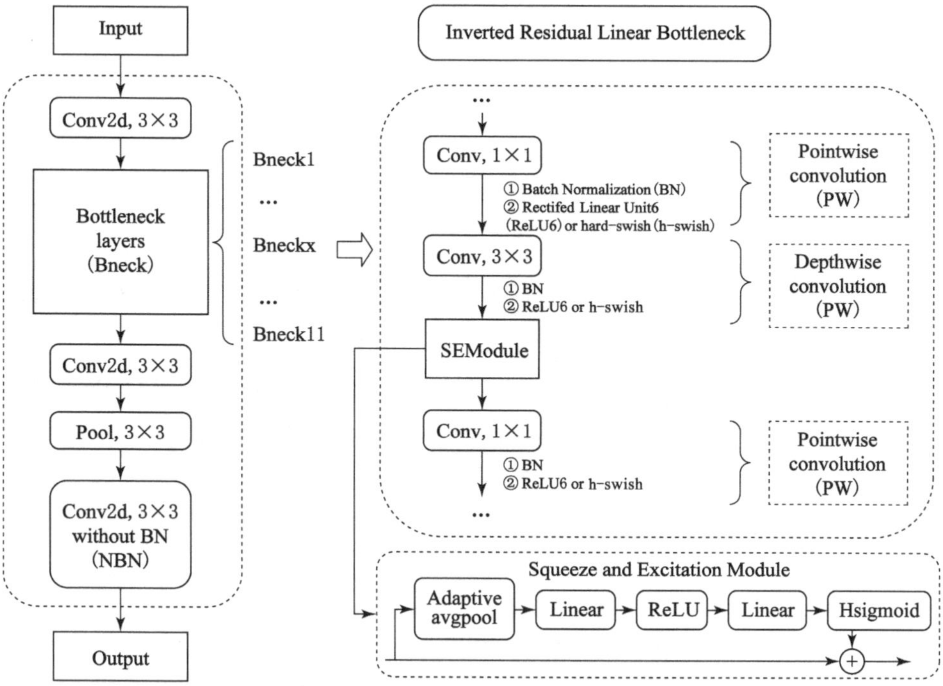

图 5-12　轻量化卷积神经网络结构示意图

Fast-MobileNetV3 在原始 MobileNetV3-small 基础上将 Bottleneck5-9 的扩展通道数缩减到原来的一半，将 Bottleneck10-11 扩展通道数缩减到原来的三分之一，并将其中控制网络宽度的超参数设置为 0.25，对每一层的输出通道数进行缩放。所提模型在保证性能的同时更加轻量化，相应的模型参数量、计算量和模型大小减少。

5.1.7　轻量化多尺度卷积神经网络

以下从自适应激活函数、分类器结构优化和多尺度特征提取等方面进行 CNN 轻量化。

1. ACON 激活函数

为了提升模型的表现，采用一种称为 ACON 的激活函数，对神经元的非线性程度进行学习更新。对最大值函数 $\max(x_1,\cdots,x_n)$，其连续可导的近似可写作：

$$S_\beta(x_1,\cdots,x_n)=\frac{\sum_{i=1}^{n}x_i e^{\beta x_i}}{\sum_{i=1}^{n}e^{\beta x_i}} \tag{5-24}$$

式中，β 为转换因子，当 $\beta\to\infty$ 时 $S_\beta\to$ 最大值，当 $\beta\to 0$ 时 $S_\beta\to$ 算数平均值。

在神经网络中，许多激活函数都以 $\max(\eta_a(x),\eta_b(x))$ 的形式出现，$\eta_a(x)$ 和 $\eta_b(x)$ 表示线性激活函数，σ 代表 Sigmoid 函数，则 $S_\beta(\eta_a(x),\eta_b(x))$ 的近似式可写作：

$$\begin{aligned}S_\beta(\eta_a(x),\eta_b(x))&=\eta_a(x)\cdot\frac{e^{\beta\eta_a(x)}}{e^{\beta\eta_a(x)}+e^{\beta\eta_b(x)}}+\eta_b(x)\cdot\frac{e^{\beta\eta_b(x)}}{e^{\beta\eta_a(x)}+e^{\beta\eta_b(x)}}\\&=\eta_a(x)\cdot\frac{1}{1+e^{-\beta(\eta_a(x)-\eta_b(x))}}+\eta_b(x)\cdot\frac{1}{1+e^{-\beta(\eta_b(x)-\eta_a(x))}}\\&=\eta_a(x)\cdot\sigma[\beta(\eta_a(x)-\eta_b(x))]+\eta_b(x)\cdot\sigma[\beta(\eta_b(x)-\eta_a(x))]\\&=(\eta_a(x)-\eta_b(x))\cdot\sigma[\beta(\eta_a(x)-\eta_b(x))]+\eta_b(x)\end{aligned} \tag{5-25}$$

可以看到，使用 sigmoid 函数并设置特定的参数，可以将 ACON 激活函数近似为 Swish 激活函数。因此，当选择合适的参数时，ACON 激活函数与 Swish 激活函数相同；当参数值趋于无穷大时，使 Sigmoid 函数在原点附近迅速变化，ACON 函数接近于 ReLU 函数。这种情况下，ACON 函数不仅与 Swish 函数相同，还可以视为 ReLU 函数的平滑近似。

当 $\eta_a(x)$ 和 $\eta_b(x)$ 取不同值时激活函数对应的 ACON 族函数如表 5-3 所示。

表 5-3　ACON 族激活函数

$\eta_a(x)$	$\eta_b(x)$	ACON 族
x	0	ACON-A(Swish)：$x\cdot\sigma(\beta x)$
x	px	ACON-B：$(1-p)x\cdot\sigma[\beta(1-p)x]+px$
p_1x	p_2x	ACON-C：$(p_1-p_2)x\cdot\sigma[\beta(p_1-p_2)x]+p_2x$

由表 5-3 可知，通过选择适当的 $\eta_a(x)$ 和 $\eta_b(x)$ 值，很多激活函数可由 ACON 族来表示。其中，ACON-C 是针对一般的激活函数给出的形式，其包含 β、p_1 和 p_2 三个可学习参数。与 Swish 是固定上下界的一阶导数不同，ACON-C 一阶导数的上下界由 p_1 和 p_2 决定，是可学习的边界。ACON-C 激活函数的非线性程度由 β 控制，当 β 值非常大时，激活函数接近最大值函数，呈非线性；当 β 值接近 0 时，激活函数接近均值函数，呈线性。通过在模型训练过程中对这三个参数进行更新，可以自适应地控制对应神经元是否激活以及激活的非线性程度。

2. 多尺度卷积模块

为了在使用卷积时降低计算复杂度，将一个卷积核变换为四个平行分支，进行深度卷积(depthwise convolution，DWConv)。四个平行分支包括一个小方形卷积核($k_s \times k_s$)、两个正交带状卷积核($1 \times k_b$ 和 $k_b \times 1$)和一个相等映射，并将其命名为 Inception 深度卷积(inception depthwise convolution，IDWConv)，如图 5-13 所示。

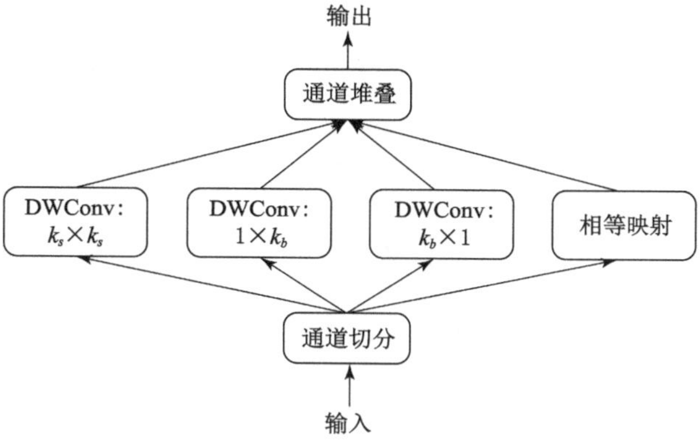

图 5-13　Inception 深度卷积结构示意图

由于 IDWConv 输入输出通道数不变，且切分后的四部分只在通道维度进行拼接，信息未实现相互联系，所以在 IDWConv 后添加点卷积(PWConv pointwise convolution)组成多尺度卷积模块。通过多个 1×1 卷积实现不同通道间信息的加权融合和通道扩展，多尺度卷积模块结构如图 5-14 所示，图中对卷积分支、填充、卷积核形状等进行了示意。

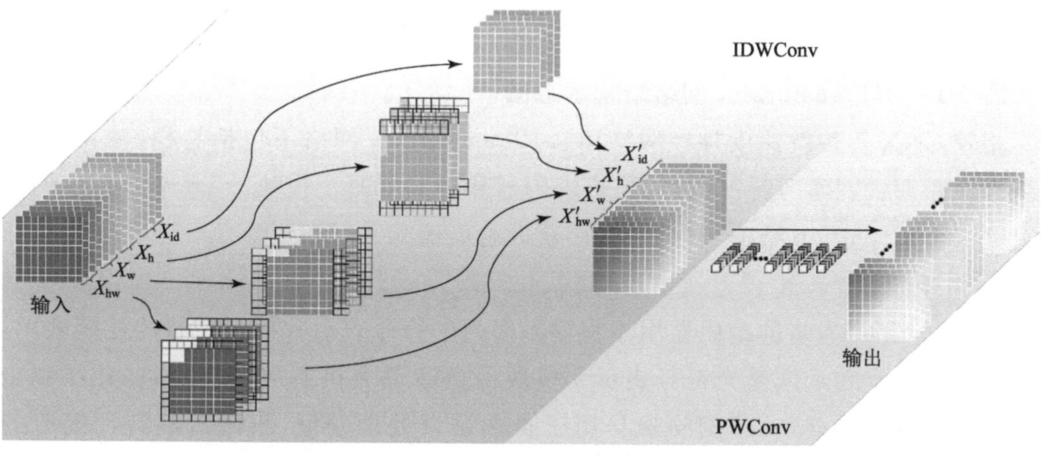

图 5-14　多尺度卷积模块结构示意图

3. Ada-act LMCNN 模型

为降低模型计算复杂度的同时保证故障诊断准确率，结合 ACON-C 激活函数与多尺度卷积模块，提出自适应激活的轻量化多尺度卷积神经网络（adaptively activated lightweight multiscale CNN，Ada-act LMCNN），如图 5-15 所示。

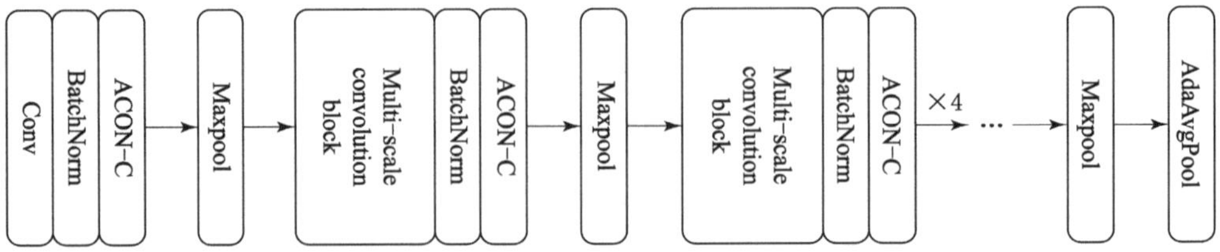

图 5-15 轻量化多尺度卷积神经网络结构示意图

在 Ada-act LMCNN 中，选用 ACON-C 为激活函数，对输入样本进行卷积操作，改变特征尺寸的同时扩充通道数；然后，采用五个多尺度卷积模块提取特征，在第 5 个多尺度卷积时将通道数降至故障类别数；最后，为进一步降低模型参数，将特征进行自适应平均池化后输出。批量归一化被用于激活函数之前，以减小一个批次内数据分布差异，加快模型收敛；为适度降低特征图大小，在模型中添加了最大池化层；模型训练过程中，采用交叉熵作为损失函数。

5.2 Transformer 网络及其改进模型

5.2.1 Transformer 网络基本结构

1. 网络结构

图 5-16 为 Transformer 网络结构示意图。

相较 CNN 等传统深度神经网络而言，Transformer 网络不包括卷积、池化等操作，使用自注意力机制学习特征信息，包括编码器和解码器两个模块。Transformer 网络本质上是一个 Attention 结构，它可以直接获取全局信息。

2. 编码器和解码器

Transformer 网络的编码器用于将输入序列的符号表示映射为序列的连续表示，解码器用于将连续表示恢复为符号表示。模块由自注意力机制层、残差归一化层和全连接层等组成。Transformer 网络最早用于自然语言处理领域，编码器起特征提取的作用，将输入的语句编码成一个映射其内容的固定长度向量；解码器将编码器映射的向量还原成对应的原始语句序列，对输入语句的特征提取后结合编码器输出进行下一步处理。

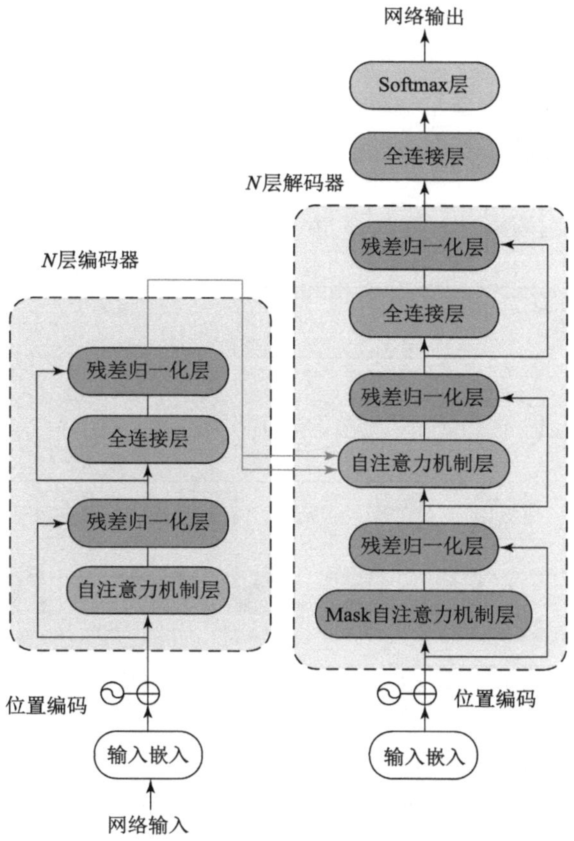

图 5-16　Transformer 网络结构示意图

在进行自然语言处理时，原始输入为语句序列，首先需要将其转换为可计算的矩阵，此过程即图 5-16 中的输入嵌入。Transformer 网络依靠自注意力机制来学习输入序列的内部特征，但自注意力机制不能捕捉位置信息，需要添加位置编码来区分语句输入嵌入的位置，进而实现位置信息与输入序列信息的充分融合并传递到后续所有经过复杂变化的序列表达中，此过程即图 5-16 中的位置编码。该位置编码采用一组同频变化的正余弦函数来生成位置信息，计算如式(5-26)、式(5-27)。Transformer 网络依靠位置编码可以直接获取输入序列的相关性，其并行输入的训练方式大幅提升了模型训练速度。

$$\mathrm{PE}_{(\mathrm{pos}+k,2i)}=\sin[(\mathrm{pos}+k)/10\,000^{2i/d_{\mathrm{model}}}] \tag{5-26}$$

$$\mathrm{PE}_{(\mathrm{pos}+k,2i)}=\sin[(\mathrm{pos}+k)/10\,000^{2i/d_{\mathrm{model}}}] \tag{5-27}$$

式中，pos 为输入语义编码的位置，d_{model} 为位置编码的向量表示，i 为位置编码向量的维度。

5.2.2　注意力机制与多层感知机

1. 注意力机制

注意力机制是一种模拟人脑注意力的网络模型，最早由 Gelade 等提出。注意力机制通过对模型中不同关注部分施加不同权重来突出模型关注的“焦点”，进而实现对输入数据重要特征的快速提取。图 5-17 为注意力机制的计算原理，对待解决的问题(Query,Q)，找到重点关注内容(Value,V)的获取渠道(Key,K)，本质上是一个查询到多组键-值(K-V)对的映射。

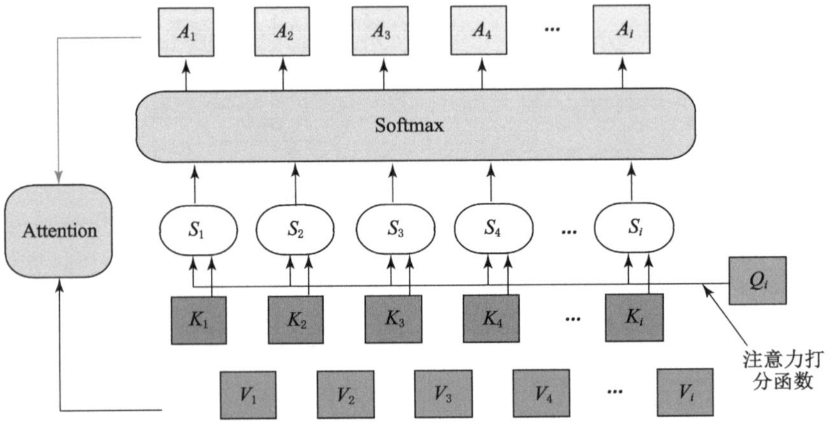

图 5-17　注意力机制的计算原理

如图 5-17 所示，首先利用注意力打分函数通过缩放点积计算每一个查询 Q_i 和键值 K_i 的得分值 Q_i，计算如式(5-28)所示；其次使用 Softmax 函数将每个得分值做归一化处理，得到每个键值 K_i 对应的权重 A_i，计算如式(5-29)所示；最后将权重 A_i 及其对应取值 V_i 做加权求和，得到最终注意力输出，计算如式(5-30)所示。

$$S_i = f(Q,K) = \frac{Q_i^{\mathrm{T}} K_i}{\sqrt{d_k}} \tag{5-28}$$

$$\boldsymbol{A}_i = \mathrm{Softmax}[f(Q,K)] \tag{5-29}$$

$$\mathrm{Attention}(Q,K,V) = \sum\nolimits_i V_i \boldsymbol{A}_i \begin{pmatrix} a_{11} & a_{12} \\ a_{21} & a_{22} \end{pmatrix} \tag{5-30}$$

式中，$1/\sqrt{d_k}$ 为缩放因子，$\boldsymbol{A}_i$ 为权重矩阵，S_i 为注意力打分值。

2. 多层感知机

当输入向量具有较高维度时，仅一次注意力计算不能充分捕捉全部的原始输入信息，为此 Vaswani 等提出多头注意力机制(multi-head attention)，将每一次注意力计算过程类比为一个“头”或称为一个注意力层，每层学习到的参数均不同，式(5-31)为单次注意力计算过程。多头注意力机制可认为是低维度下原始注意力层的集成，式(5-32)为多头注意力机制计算过程。多头注意力机制网络结构如图 5-18 所示。

$$\mathrm{Head_i} = \mathrm{Attention}(\boldsymbol{QW}_i^Q, \boldsymbol{KW}_i^K, \boldsymbol{VW}_i^V) \tag{5-31}$$

$$\mathrm{MultiHead}(Q,K,V) = \mathrm{Concate}(\mathrm{Head}_1, \mathrm{Head}_2, \cdots, \mathrm{Head}_m)W^O \tag{5-32}$$

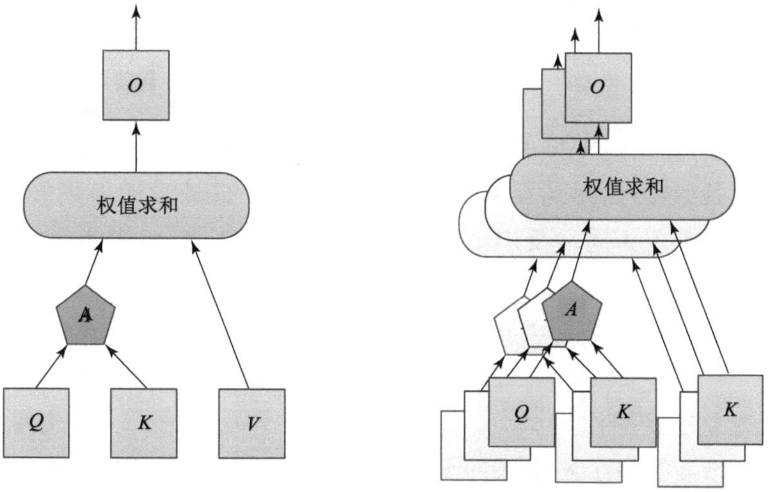

（a）单次注意力计算过程　　（b）多头注意力计算过程

图 5-18　多头注意力机制的网络结构示意图

式中，权值矩阵 $W_i^Q \in \mathbb{R}^{d_{\text{model}} \times d_Q}$，$W_i^K \in \mathbb{R}^{d_{\text{model}} \times d_K}$，$W_i^V \in \mathbb{R}^{d_{\text{model}} \times d_V}$，$W^O \in \mathbb{R}^{hd_v \times d_{\text{model}}}$；$d_{\text{model}}$ 为输入序列的维度；$d_v = d_k = d_{\text{model}}/m$，$m$ 为多头注意力机制的主头数。

多层感知机由两层全连接层和一个激活函数为高斯误差线性单元（Gaussian error linear unit，GELU）的非线性层组成，是一个前馈网络。全连接层起到将多头注意力机制学习到的分布式特征映射到样本空间的作用，计算如式(5-33)所示。

$$Z_i^l = \boldsymbol{Y}_i^{l-1} \boldsymbol{W}^l + b^l \tag{5-33}$$

式中，Z_i^l 为全连接层的特征值，$\boldsymbol{Y}_i^{l-1}$ 为多头注意力机制的特征矩阵。

图 5-19 为多层感知机的网络结构示意图。

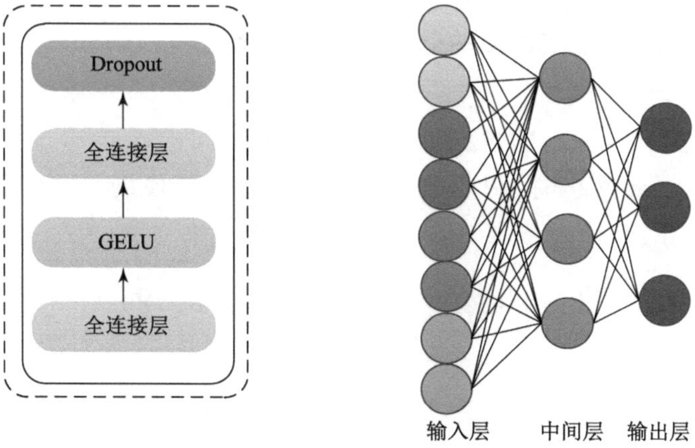

（a）多层感知机模型　　（b）全连接层网络

图 5-19　多层感知机的网络结构示意图

5.2.3 层归一化与模型训练损失

1. 层归一化

在某种程度上，网络越深则表达能力越强、性能越好，但会出现梯度弥散和梯度爆炸等问题。针对模型输入，每层仅有少量神经元改变了自身激活函数值，而大部分隐藏单元对不同输入均表现为同一反应，整体权重矩阵的秩不高，且随着网络层数的增加而降低，引起权重矩阵的退化。残差连接(residual connection)可以解决这一问题，计算如式(5-34)所示。

$$R_c(x) = x + A_{\text{Multihead}} \tag{5-34}$$

式中，$R_c(x)$为残差连接操作。

深度神经网络涉及多个网络层的叠加，每一层参数更新均会导致上一层输入数据变化。随着网络层数的叠加，高一层需要不断地适应底层的参数更新，引起输入分布的剧烈变化，进而导致多个权重矩阵连乘后的秩降低，出现权重矩阵退化现象。层归一化的作用是规范和优化空间，保证数据特征分布的整体稳定性，使前向传播的输入与后向梯度变得稳定，减轻权重矩阵退化的同时加速模型收敛。层归一化的计算如式(5-35)、式(5-36)所示。

$$h = \alpha \times \frac{x-\mu}{\sigma} + \beta \tag{5-35}$$

式中，σ为输入向量的标准差；μ为均值；α和β为可学习的参数，用于缩放和平移标准化后的输入，以恢复模型的表达能力；h为归一化后的输出。

$$\text{Output}=\text{LayerNorm}(x+\text{Sublayer}(x)) \tag{5-36}$$

为了缓解梯度消失和梯度爆炸问题，同时保留原始输入信息，通过直接将输入x与子层操作的输出 Sublayer(x)相加，可以在训练过程中有效地传播梯度。将残差连接后的结果进行层归一化，以稳定数据的分布并加速训练过程。

2. 模型训练损失

在模型训练过程中，输出的预测值与实际目标之间的误差通过损失函数计算。当使用堆叠 Transformer 网络时，利用迭代损失的方式训练模型。式(5-37)为目标损失函数计算过程，式(5-38)为输出概率分布。迭代训练的过程如图 5-20 所示。

$$l = \text{loss}(P_{\text{M}}, Y) + \lambda \sum_{1}^{i} \text{loss}(P_{k_i}, Y) \tag{5-37}$$

$$P(x)=\text{softmax}(\text{MLP}(Z_x)) \tag{5-38}$$

式中，M为样本总数，loss(P_{M},Y)为主要的损失函数，loss(P_{k_i},Y)为第i个辅助任务的损失函数，Y、$P(x)$分别为真实目标值和 Softmax 输出值。

5.2.4 Vision Transformer 网络

为了将 Transformer 从文本扩展到图像领域，提出视觉 Transformer(vision trans-

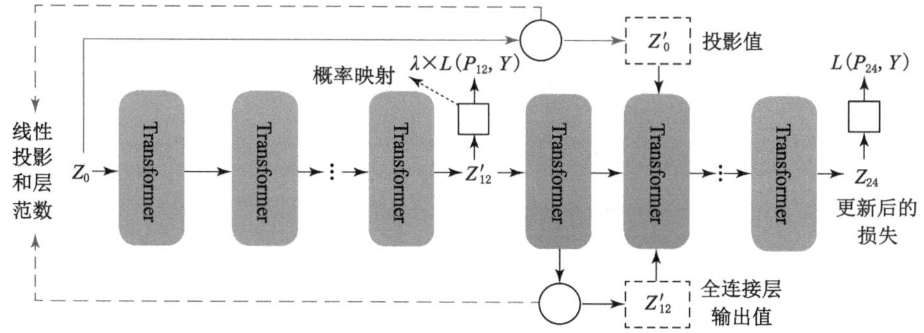

图 5-20 Transformer 网络的迭代训练过程

former，ViT）网络。ViT 利用 Transformer 编码器模块将图像分割成扁平图像块序列（patch）并映射到标签上执行分类任务。ViT 采用注意力机制关注图像的不同区域，捕获远距离特征并在整个图像中整合信息。ViT 的架构如图 5-21 所示。

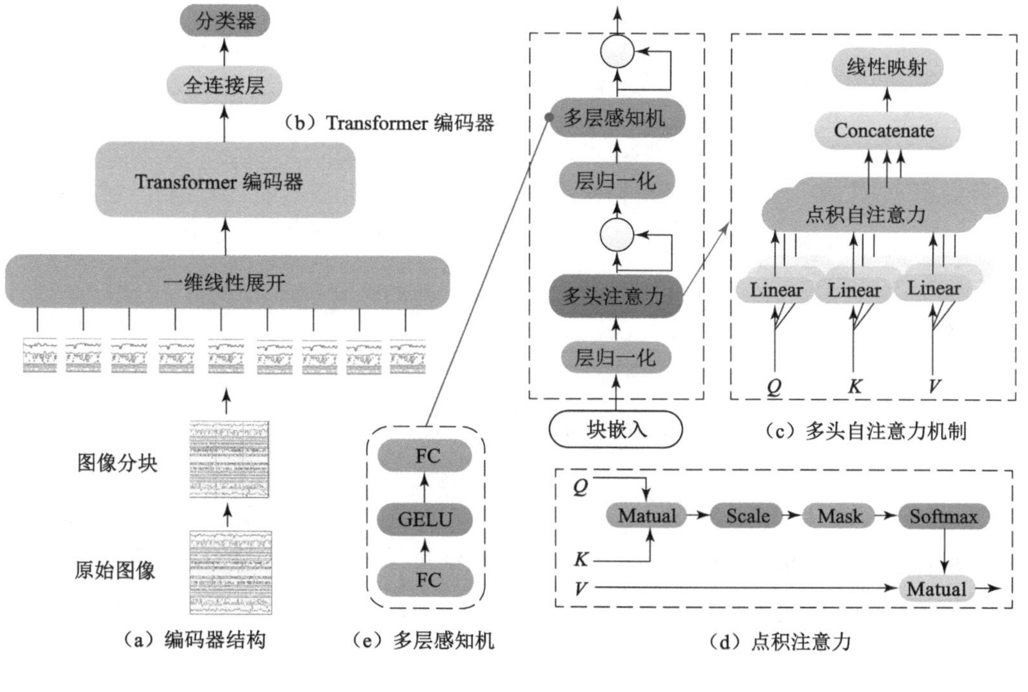

图 5-21 视觉 Transformer 网络结构示意图

ViT 采用 Transformer 编码器作为分类模型的主体结构。类比自然语言处理中的时序输入，当输入为图像时 ViT 输入编码由两部分组成，分别为块嵌入（patch embedding）和位置编码（positional encoding）。标准的 Transformer 接受一维序列的 token 嵌入为输出，为处理二维图像将图像 $X \in \mathbb{R}^{H \times W \times C}$ 分块并经线性变换展开为一系列扁平图

像块 $X_p \in \mathbb{R}^{N\times(p^2\cdot c)}$，$C$ 为图像通道数，序列长度 N 的计算如式(5-39)所示。ViT 在其所有子层中使用恒定大小的向量，因此分割好的 Patch 序列经线性变换后被映射到恒定维度中，即块嵌入操作，计算见式(5-40)。

$$N = \frac{H\times W}{P^2} \tag{5-39}$$

式中：H 为图像的高度，W 为图像的宽度，P 为块的边长。

$$z_0 = [x_{\text{class}};x_p^1E;x_p^2E;Lx_p^NE]+E_{\text{pos}} \tag{5-40}$$

式中，$E\in\mathbb{R}^{(p^2\cdot c)\times D}$，$E_{\text{pos}}\in\mathbb{R}^{(N+1)\times D}$，$x_{\text{class}}$ 表示类别或与标签相关的向量，L 为线性变换。

5.2.5 池化层改进 Vision Transformer 网络

ViT 将输入图像按照预定尺寸划分图像块序列，在网络传输过程中由于不包含池化层，ViT 整个网络层均保持相同的大小，ViT 网络传输过程如图 5-22 所示。

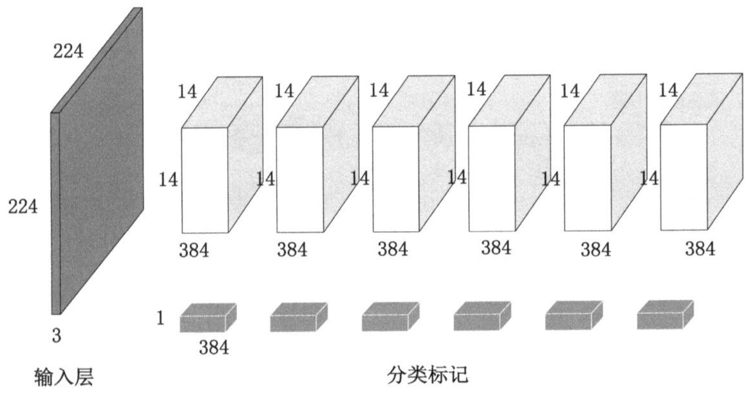

图 5-22 视觉 Transformer 网络传输过程

ViT 不包含池化层，图像输入网络后经切分为多个 Patch 构成输入序列送入后续网络。池化层的加入能帮助 ViT 实现空间特征维度调整，因此需要设计合理的池化层。不同于传统的三维张量模式，ViT 仅接受二维矩阵输入，池化层需要完成由空间标记序列向二维矩阵的转换。据此设计池化层结构，如图 5-23 所示。

图 5-23 中池化网络包含两层池化，以实现三次空间尺度转换。池化层首先将二维图像块序列分离并转换成三维空间张量送入深度卷积网络。深度卷积网络不同于常规卷积操作，在二维平面内其一个卷积核仅负责处理一个通道，进而实现增加通道维度并减小空间维度的目的，再将三维张量变形得到适用于 ViT 的二维矩阵。

为了将池化层用于 ViT，提出 pooling-based vision transformer，即 PiT。较原始 ViT，PiT 通过引入池化层达到具有空间尺度变换的效果，结构如图 5-24 所示。

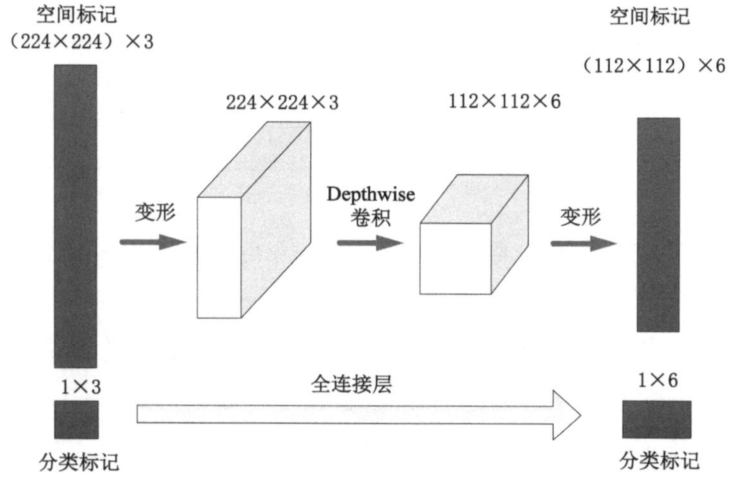

图 5-23　视觉 Transformer 网络的池化层结构

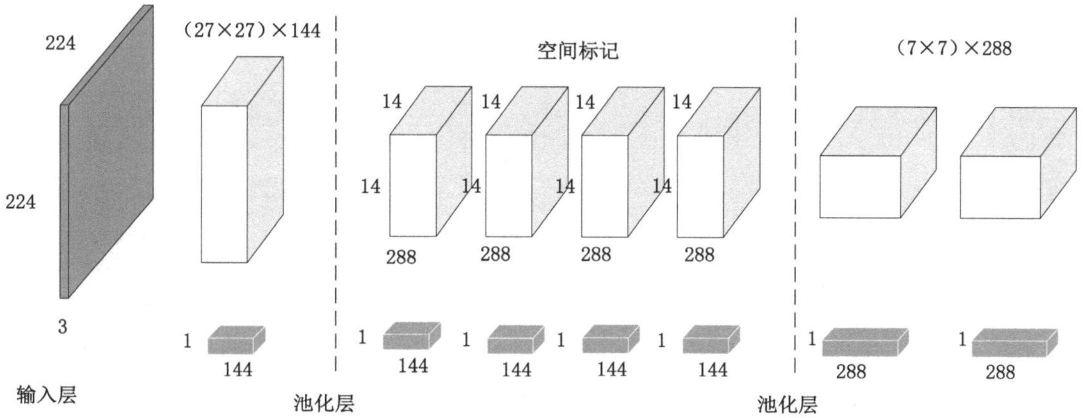

图 5-24　PiT 网络结构示意图

5.3　基于深度学习的机电传动系统故障诊断实例

5.3.1　基于改进卷积神经网络的故障诊断实例

1. 小样本下三通道数据融合图像的斜齿轮智能故障诊断

采用第 2 章中一号故障模拟实验平台进行斜齿轮故障模拟，共模拟 5 种齿轮状态，包括正常、局部断齿、齿面点蚀、齿面磨损和齿根裂纹，且齿轮类型为斜齿轮。每种工况下不同齿轮状态的三个通道均采集 245 760 个点，三个通道均连续无重复地选择 2 048 个点以构建图像。每种工况下不同齿轮状态可得 120 张 RGB-GASF 和 RGB-GADF 图像，共设计两种小样本实验，如表 5-4 所示。

表 5-4　两个小样本数据集

数据集	每类训练集/张	训练集总数/张	每类测试集/张	测试集总数/张
A	50	250	50	250
B	70	350	50	250

对 ITCD-ConvNeXt 故障诊断模型，在 700 r/min、25 N・m 工况下，使用 2-RGB-GADF 构建数据集 A，对模型性能进行考核，并与 ConvNeXt-Tiny 模型进行对比。两个模型的超参数及优化器相同，批大小为 32，学习率为 0.002，损失函数为 Cross Entropy Loss，优化器为 AdamW，$\beta_1=0.9$，$\beta_2=0.999$。由图 5-25 可知，ITCD-ConvNeXt 的训练准确率变化曲线比 ConvNeXt-Tiny 收敛得快，ITCD-ConvNeXt 的训练集准确率较 ConvNeXt-Tiny 更稳定。训练集损失较 ConvNeXt-Tiny 下降更快，初始损失较 ConvNeXt-Tiny 更小。对测试集准确率，ITCD-ConvNeXt 较 ConvNeXt-Tiny 提升较大。

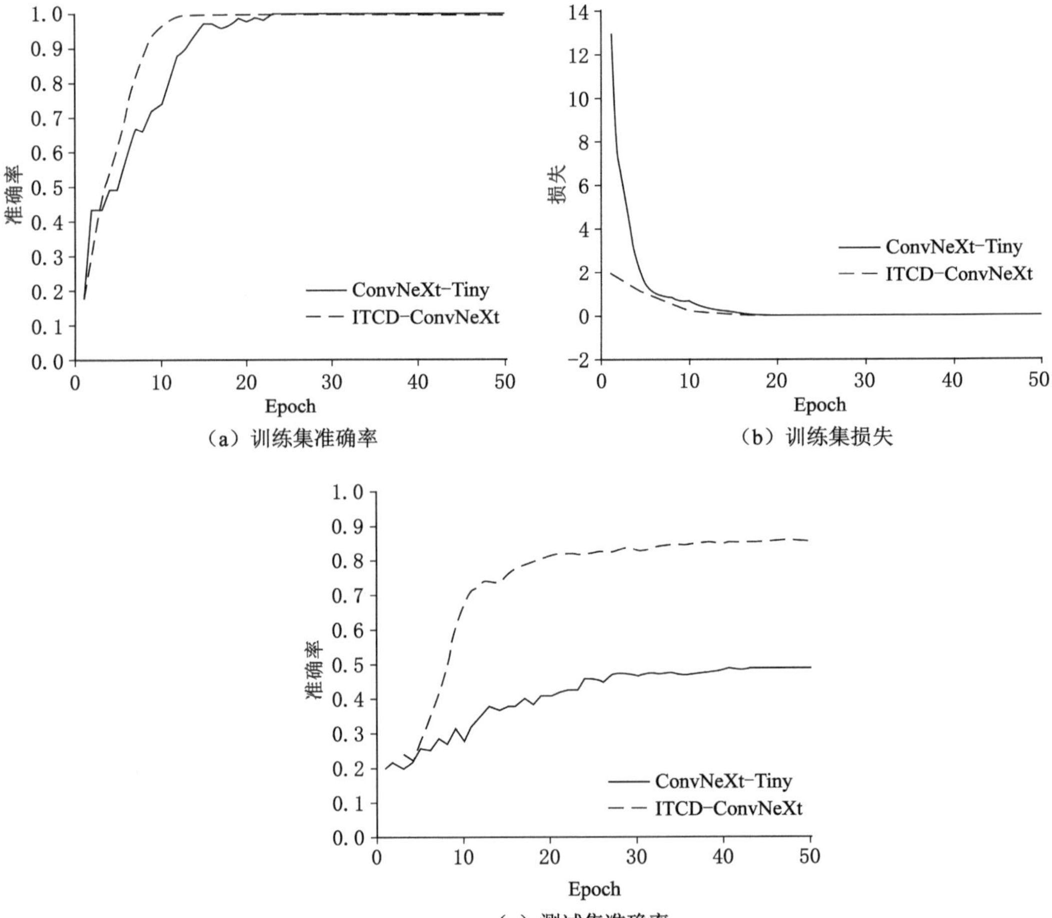

(a) 训练集准确率　(b) 训练集损失

(c) 测试集准确率

图 5-25　两种故障诊断模型的训练及测试过程

为了更精细地评价两个诊断模型的性能，使用准确率、精确率、召回率及 F1-score 四项指标进行评价。表 5-5 为两个模型的评价指标结果，由表 5-5 可知，ITCD-ConvNeXt 的准确率、精确率、召回率及 F1-score 较 ConvNeXt-Tiny 分别提升 36.4%、33.8%、36.4%、35.5%，四项指标增长幅度分别为 74.1%、65.9%、74.1%、72.2%。根据表 5-5 并结合图 5-25(a)、(c)可知，ConvNeXt-Tiny 存在严重的过拟合现象，当训练集准确率达 100%时，测试集准确率仅为 49.2%，而 ITCD-ConvNeXt 的准确率为 85.6%，抑制了模型的过拟合问题。图 5-26 为两种模型测试集混淆矩阵，可知 ConvNeXt-Tiny 的分类结果最差，误分样本数较多，其中正常和齿面点蚀误分严重，二者被误分到局部断齿的数量最多，二者准确率分别为 44%和 30%。ITCD-ConvNeXt 的分类效果较 ConvNeXt-Tiny 明显提升，每一类的分类结果均得到提升，误分情况得到改善，其中齿根裂纹和齿面磨损分类准确率达 100%，齿面点蚀分类准确率提升最明显，涨幅达 226.7%，证明 ITCD-ConvNeXt 的性能优于 ConvNeXt-Tiny。表 5-6 为两个模型训练时间、模型大小、推理时间、参数量及计算量对比。由表 5-6 可知，ITCD-ConvNeXt 的训练时间比 ConvNeXt-Tiny 少 67 s，减幅为 0.6%，ITCD-ConvNeXt 的模型大小比 ConvNeXt-Tiny 小 103.6 M，减幅为 97.6%，ITCD-ConvNeXt 的推理时间比 ConvNeXt-Tiny 快 1.5 ms，减幅为 41.7%，ITCD-ConvNeXt 的参数量和计算量较 ConvNeXt-Tiny 分别减小了 27.15 M 和 3.7 G，减幅为 97.6%和 66.3%。

表 5-5 两种故障诊断模型的评价结果

模型类别	准确率/%	精确率/%	召回率/%	F1-score/%
ConvNeXt-Tiny	49.2	51.3	49.2	49.2
ITCD-ConvNeXt	85.6	85.1	85.6	84.7

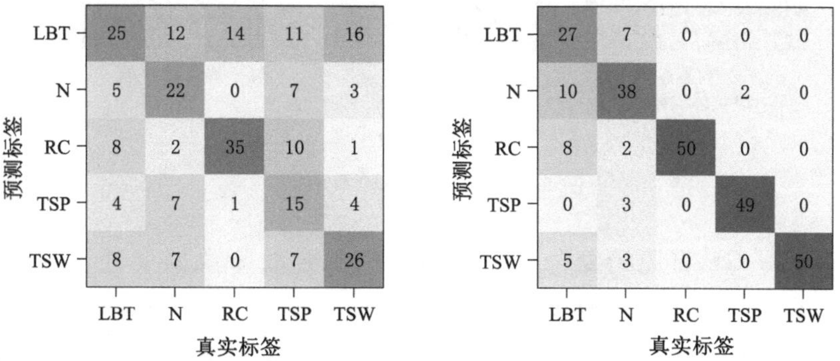

(a) ConvNeXt-Tiny (b) ITCD-ConvNeXt

图 5-26 两种故障诊断模型的测试集混淆矩阵

表 5-6　两种故障诊断模型的训练参数

模型类别	训练时间/s	模型大小/M	推理时间/ms	参考量/M	计算量/G
ConvNeXt-Tiny	1 233	106.2	3.6	27.82	5.58
ITCD-ConvNeXt	1 166	2.6	2.1	0.67	1.88

该 ITCD- ConvNeXt 模型通过对每个阶段 ConvNeXt Block 通道数的精细化设计，使其更好地提取浅层的基本特征和深层的高级特征，不仅改善了过拟合现象，提高了泛化力，且训练速度和推理时间均更快，模型大小、参数量和计算量均更小。

2. 基于 Inception 改进 CNN 的滚动轴承故障诊断

为了验证在复杂数据集下卷积神经网络性能，在一号故障模拟实验平台上模拟了滚动轴承的单一故障和复合故障。设计两个原始数据集，分别为复合故障数据集和单一故障与复合故障混合数据集。其中每类样本包含 350 张灰度纹理图像，每类图像选取 300 张作为训练集，50 张作为测试集。灰度纹理图像样本如图 5-27 所示。

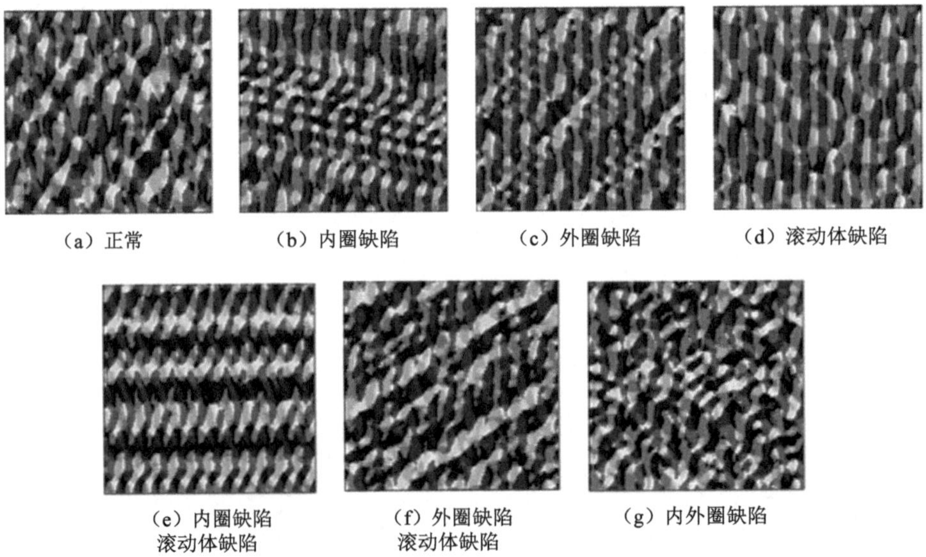

图 5-27　复合故障样本示例

使用 CWGAN-GP 将原始复合故障数据集和混合故障数据集进行数据增强，构成新的增强数据集，分别在原始数据集和增强数据集上验证模型性能，数据集构成如表 5-7所示，其中原始样本中每个故障数据集包括正常状态和故障状态，增强样本中每个故障数据集不仅包括原始样本数据，还增加了相同数量的每类增强样本。

表 5-7　复合故障数据集

故障类型		样本组成	样本总数	测试集
原始样本	复合故障	正常样本 300 张 复合故障每类 300 张	1 200	每类 50 张，共 200 张
	混合故障	正常样本 300 张 所有故障每类 300 张	2 100	每类 50 张，共 350 张
扩容样本	复合故障	正常样本 300 张，复合故障每类 300 张 生成的每类样本 300 张	2 400	每类 50 张，共 200 张
	混合故障	正常样本 300 张，所有故障每类 300 张 生成的每类样本 300 张	4 200	每类 50 张，共 350 张

考虑到实际情况下故障类型出现模式是不确定的，单一故障与复合故障单独出现是一种理想状况，为此将单一故障与复合故障数据组合形成混合故障数据，使用原始样本的混合故障数据集分别对改进前后 CNN 模型进行测试，训练过程中损失与准确率如图 5-28 所示，可以看出训练过程中 Inception 模块改进的 LeNet-5 模型可以使用不同卷积核从不同尺度提取特征，使模型更早收敛。原始 LeNet-5 模型测试集准确率为 91.4%，改进后 LeNet-5 模型测试集准确率上升至 94.3%，较未改进模型提升 2.9%。测试集混淆矩阵如图 5-29 所示，指标结果如表 5-8 所示。

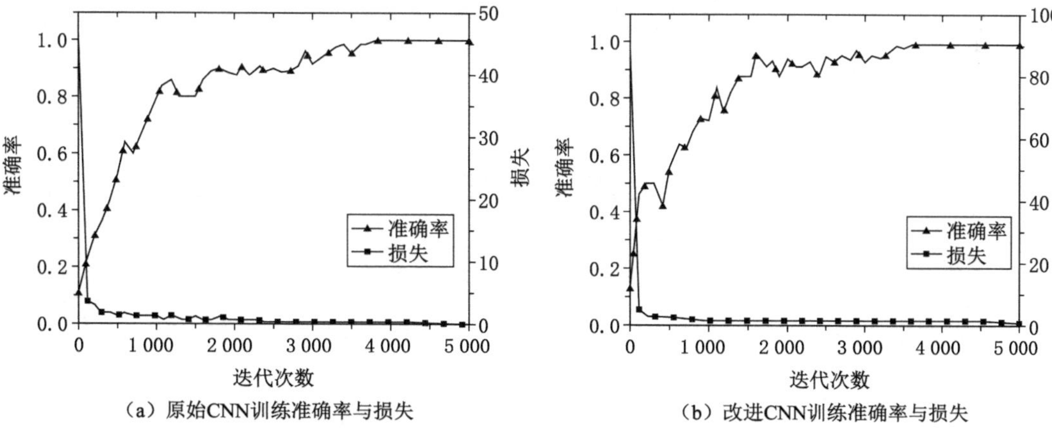

图 5-28　混合故障下改进前后 LeNet-5 模型训练准确率与损失

由图 5-29 混淆矩阵和表 5-8 指标结果可知，原始 CNN 模型训练中内圈故障和内外圈故障容易误诊，其 F1-score 分别为 86.0%、87.5%。经 Inception 模块改进后，正常状态 F1-score 由 94.1%提升至 97.1%，内圈故障 F1-score 由 86.0%提升至 100.0%，外圈故障 F1-score 由 92.3%提升至 92.6%，滚动体故障 F1-score 由 90.9%提升至

96.1%，外圈滚动体复合故障 F1-score 由 90.0%提升至 91.0%，其中内圈故障 F1-score 提升最大，达 14%。内圈滚动体复合故障 F1-score 由 97.0%下降至 94.7%，内外圈故障 F1-score 由 87.5%下降至 86.6%，内圈滚动体复合故障与内外圈故障 F1-score 有轻微下降。测试集整体准确率由 91.4%提升至 94.3%。

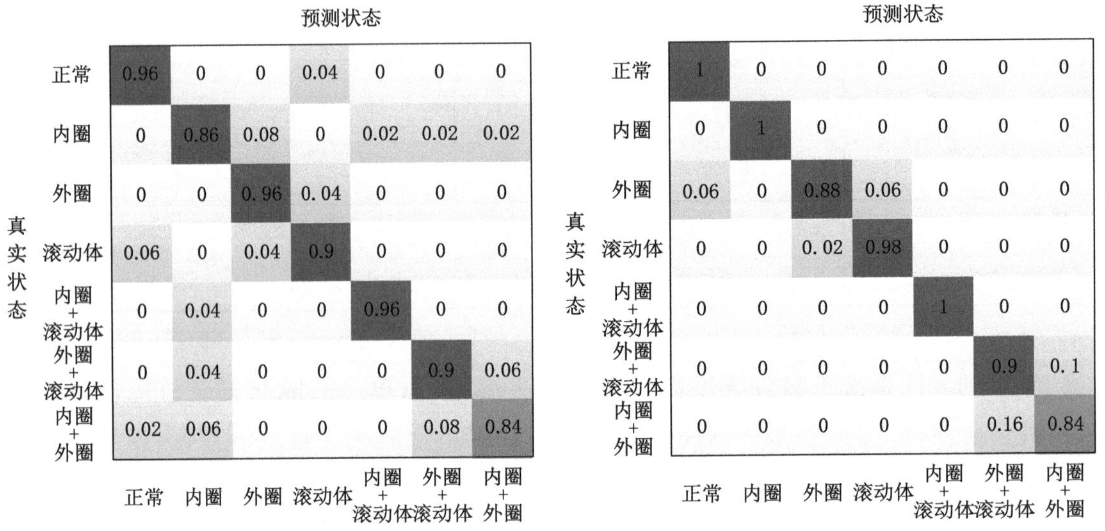

（a）原始CNN测试集混淆矩阵　　（b）改进CNN测试集混淆矩阵

图 5-29　混合故障下改进前后 LeNet-5 模型测试集混淆矩阵

表 5-8　混合故障下 CNN 改进前后测试集评价指标

样本类别		准确率/%	召回率/%		精确率/%		F1-score/%	
原始 CNN	正常	91.4	96.0	平均 91.4	92.3	平均 91.2	94.1	平均 91.1
	内圈		86.0		86.0		86.0	
	外圈		96.0		88.9		92.3	
	滚动体		90.0		91.8		90.9	
	内圈＋滚动体		96.0		98.0		97.0	
	外圈＋滚动体		90.0		90.0		90.0	
	内圈＋外圈		84.0		91.3		87.5	
改进 CNN	正常	94.3	100.0	平均 94.3	94.3	平均 94.4	97.1	平均 94.0
	内圈		100.0		100.0		100.0	
	外圈		88.0		97.8		92.6	
	滚动体		98.0		94.2		96.1	
	内圈＋滚动体		90.0		100.0		94.7	
	外圈＋滚动体		98.0		84.9		91.0	
	内圈＋外圈		84.0		89.4		86.6	

用增强后混合故障数据集分别对改进前后 LeNet-5 模型进行测试，训练过程损失与准确率曲线如图 5-30 所示。

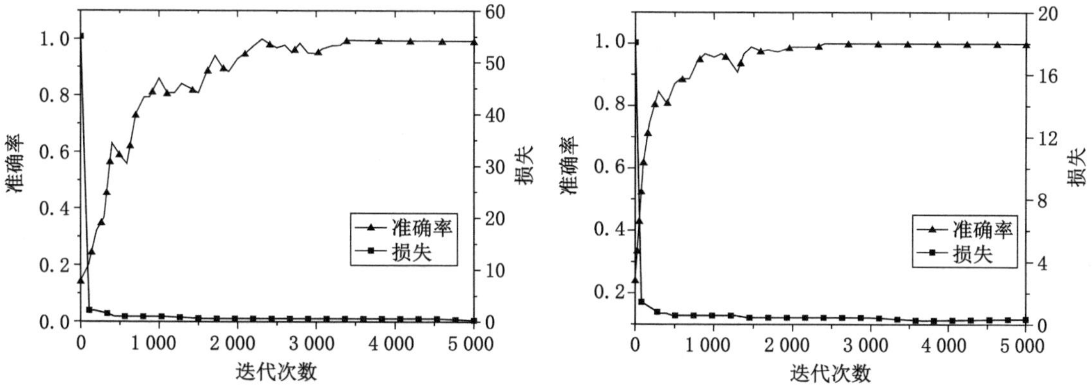

（a）原始CNN训练准确率与损失　　（b）改进CNN训练准确率与损失

图 5-30　增强混合故障数据下改进前后 LeNet-5 模型训练准确率与损失

可见，在训练过程中 Inception 模块改进 LeNet-5 模型更早收敛，原始 LeNet-5 模型测试准确率为 94.6%，改进后 LeNet-5 模型测试准确率为 97.1%，较未改进模型提升2.5%。

由图 5-31 混淆矩阵和表 5-9 指标结果可知，原始 CNN 模型训练中内圈故障和内外圈故障容易误诊，其 F1-score 分别为 99.4%、88.4%。经 Inception 模块改进后，正常状

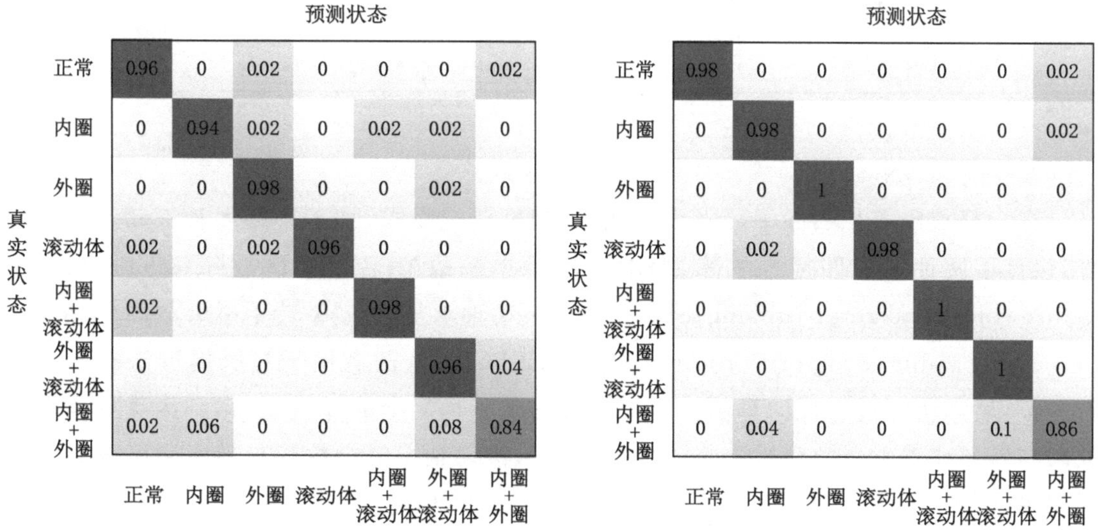

（a）原始CNN测试集混淆矩阵　　（b）改进CNN测试集混淆矩阵

图 5-31　增强混合故障数据下改进前后 LeNet-5 模型测试集混淆矩阵

态 F1-score 由 95.0%提升至 99.0%，内圈故障 F1-score 由 94.0%提升至 96.1%，外圈故障 F1-score 由 96.1%提升至 100.0%，滚动体故障 F1-score 由 98.0%提升至99.0%，内圈滚动体复合故障 F1-score 由 98.0%提升至 100.0%，外圈滚动体复合故障 F1-score 由 92.3%提升至 95.2%，内外圈故障 F1-score 由 88.4%提升至 90.5%，其中正常状态 F1-score 提升最大，达 4%。测试集整体准确率由 94.6%提升至 97.1%。

表 5-9 增强混合故障数据下 CNN 改进前后测试集评价指标

样本类别		准确率/%	召回率/%		精确率/%		F1-score/%	
原始 CNN	正常	94.6	96.0	平均 94.6	94.1	平均 94.6	95.0	平均 94.5
	内圈		94.0		94.0		94.0	
	外圈		98.0		94.2		96.1	
	滚动体		96.0		100.0		98.0	
	内圈＋滚动体		98.0		98.0		98.0	
	外圈＋滚动体		96.0		88.9		92.3	
	内圈＋外圈		84.0		93.3		88.4	
改进 CNN	正常	97.1	98.0	平均 97.1	100.0	平均 97.2	99.0	平均 97.1
	内圈		98.0		94.2		96.1	
	外圈		100.0		100.0		100.0	
	滚动体		98.0		100.0		99.0	
	内圈＋滚动体		100.0		100.0		100.0	
	外圈＋滚动体		100.0		90.9		95.2	
	内圈＋外圈		86.0		95.6		90.5	

3. 基于 CNN-SVM 的滚动轴承与转子故障诊断

在一号故障模拟实验平台上设计实验，根据研究需求，加工得到多种滚动轴承故障件，设计了两种多零件复合故障，即滚动轴承单一故障-转子碰磨故障（single bearing failure compound rotor rubbing，SBFCRR）、滚动轴承复合故障-转子碰磨故障（composite bearing failure composite rotor rubbing，CBFCRR），前者用于对所提算法有效性进行验证，后者将经过验证的算法推广应用至另外一种复合故障类型，得到滚动轴承单一故障与转子碰摩复合故障数据集（SBFCRRD）、滚动轴承复合故障与转子碰摩复合故障数据集（CBFCRRD），具体见表 5-10。其采集的振动信号包含复杂成分及噪声干扰，故以该实验获取的数据集为主要研究对象，对振动图像样本生成算法及滚动轴承智能故障诊断模型进行深入研究。

表 5-10　多零件复合故障数据集说明

数据代号	SBFCRRD	CBFCRRD
数据状态	正常 滚动轴承内圈＋转子碰摩 滚动轴承外圈＋转子碰摩 滚动轴承滚动体＋转子碰摩故障	正常 滚动轴承内圈、外圈＋转子碰摩 滚动轴承内圈、滚动体＋转子碰摩 滚动轴承外圈、滚动体＋转子碰摩故障
数据意义	算法有效性验证	算法推广应用

（1）滚动轴承单一故障-转子碰磨故障智能诊断

将采用 SBFCRRD 数据集得到的 IF-EMD-AADPCI 振动图像样本输入至 CNN-SVM 模型进行训练与测试，这里 CNN 模型以 LeNet-5 网络为基本架构，测试集混淆矩阵如表 5-11 所示，其中正常状态样本诊断正确 60 个；针对内圈转子复合故障，58 个诊断正确，2 个误诊为外圈转子复合故障；针对外圈转子复合故障，58 个诊断正确，1 个误诊为内圈转子复合故障，1 个误诊为滚动体转子复合故障；针对滚动体转子复合故障，55 个诊断正确，5 个误诊为内圈转子复合故障。可知，IF-EMD-AADPCI 振动图像转换方法相较于 EMD-AADPCI，内圈转子复合故障及外圈转子复合故障的正确预测数据均有显著提升，而滚动体转子复合故障的诊断效果有轻微波动。

表 5-11　CNN-SVM 模型测试混淆矩阵

状态	正常	内圈＋转子故障	外圈＋转子故障	滚动体＋转子故障
正常	60	0	0	0
内圈＋转子故障	0	58	2	0
外圈＋转子故障	0	1	58	1
滚动体＋转子故障	0	5	0	55

计算测试集准确率为 96.25％，在同一数据下采用常规 CNN 进行测试时准确率为 94.58％，即 CNN 结合 SVM 能够对模型效果产生有利影响，对测试结果进行评价如表 5-12 所示，以常规 CNN 模型测试效果进行分析，对正常状态其精确率、召回率及 F1-score 均保持 100％；对内圈转子复合故障其精确率提高至 90.62％，召回率提高至 96.67％，F1-score 提高至 93.55％；对外圈转子复合故障其精确率降至 96.67％，召回率提高至 96.67％，F1-score 提高至 96.67％；对滚动体转子复合故障其精确率提高至 98.21％，召回率维持在 91.67％，F1-score 提高至 94.83％。

表 5-12　CNN-SVM 模型测试结果

状态	精确率/%	召回率/%	F1-score/%
正常	100	100	100
内圈＋转子故障	90.62	96.67	93.55
外圈＋转子故障	96.67	96.67	96.67
滚动体＋转子故障	98.21	91.67	94.83

将改进的 CNN-SVM 与原始 CNN 模型的测试结果各项指标差值进行汇总，如表 5-13所示，计算各项指标的整体上升率为 19.84%，其中正常状态的三项指标均保持稳定不变；内圈转子复合故障的三项指标均上升，召回率最高上升了 1.67%；外圈转子复合故障三项指标中精确率下降了 1.54%，另两项上升，分别上升了 5.00%和 1.84%；滚动体转子复合故障三项指标中精确率提高了 6.54%，召回率稳定不变，F1-score 上升了 3.16%。可见，对滚动体转子复合故障模式，使用改进的 CNN-SVM 模型能够提升故障诊断效果。

表 5-13　CNN-SVM 与原始 CNN 模型测试结果差值

状态	精确率差值/%	召回率差值/%	F1-score 差值/%
正常	＋0	＋0	＋0
内圈＋转子故障	＋1.56	＋1.67	＋1.61
外圈＋转子故障	－1.54	＋5.00	＋1.84
滚动体＋转子故障	＋6.54	＋0	＋3.16

（2）滚动轴承复合故障-转子碰磨故障智能诊断

将采用滚动轴承复合故障-转子碰磨故障 CBFCRRD 数据集得到的 IF-EMD-AAD-PCI 振动图像样本输入至 CNN-SVM 模型，进行模型训练与效果测试，测试结果混淆矩阵如表 5-14 所示。

表 5-14　CNN-SVM 模型测试结果混淆矩阵

状态	正常状态	内-外-转复合	内-滚-转复合	外-滚-转复合
正常	58	0	1	1
内圈、外圈＋转子故障	0	60	0	0
内圈、滚动体＋转子故障	1	0	59	0
外圈、滚动体＋转子故障	1	0	2	57

计算测试集准确率为 97.50%，在同一数据下采用常规 CNN 模型进行训练测试时准确率为 95.00%，即 CNN 结合 SVM 能够对模型的训练测试效果产生积极影响，对上

述测试结果进行效果评价，如表 5-15 所示，结合常规 CNN 模型的测试效果进行分析，针对正常状态其精确率、召回率及 F1-score 均保持在 96.67%；针对内-外-转复合故障其三项指标均提高至 100%；针对内-滚-转复合故障其三项指标分别提高至 95.16%、98.33%及 96.72%；而针对外-滚-转复合故障其三项指标分别提高至 98.28%、95.00%及 96.61%。

表 5-15　CNN-SVM 模型测试效果评价表

故障状态	精确率/%	召回率/%	F1-score/%
正常状态	96.67	96.67	96.67
内-外-转复合	100	100	100
内-滚-转复合	95.16	98.33	96.72
外-滚-转复合	98.28	95.00	96.61

将 CNN-SVM 与 CNN 模型的测试结果中各项指标的差值进行汇总，如表 5-16 所示，计算各项指标的整体上升率为 30.36%，其中正常状态存在轻微波动，精确率上升了 1.51%，召回率与 F1-score 分别降低了 1.66%与 0.05%；内-外-转复合故障均呈上升趋势，精确率最高，上升了 1.64%；内-滚-转复合故障均呈上升趋势，召回率最高，上升了 6.66%；外-滚-转复合故障均呈上升趋势，精确率最高，上升了 6.75%。综上可知，采用 SVM 作为 CNN 模型的分类器时，能够在基础模型分类效果上进行提升，发挥模型的泛化能力，将 CNN-SVM 应用在滚动轴承-转子复合故障问题时能够表现出优秀的诊断性能，该方法能够推广至其他复合故障类型。

表 5-16　CNN-SVM 与 CNN 模型测试效果差值

故障状态	精确率差值/%	召回率差值/%	F1-score 差值/%
正常状态	+1.51	−1.66	−0.05
内-外-转复合	+1.64	+0	+0.83
内-滚-转复合	+0.33	+6.66	+3.50
外-滚-转复合	+6.75	+5.00	+5.85

4. 基于 AE-CNN 的机械传动系统多元件故障诊断

对低转速机械传统系统中零部件的故障诊断，主要存在振动信号微弱、特征周期长、噪声干扰大等问题，属于目前机械故障诊断的难点。选取 3 个轴承故障件，2 个齿轮故障件，2 个转子故障件，包括轴承内圈故障、轴承外圈故障、轴承滚动体故障、齿轮齿面磨损、齿轮齿根裂纹、转子不平衡和转子不对中等 7 种故障状态，采用第 2 章中一号故障模拟实验平台，每个状态下采集 10 组数据，每组采样点数为 98 304，总点数为

983 040。连续选取 4 096 个无重叠的数据点，通过线性映射对数据进行归一化，转换为 64×64 方阵，再通过最近邻插值方法转换为 256×256 方阵，最后将其转化为改进灰度纹理图像。所得图像中每种状态有 240 张，包括正常状态在内的 8 个状态共有 1 920 张图像，如图 5-32 所示。

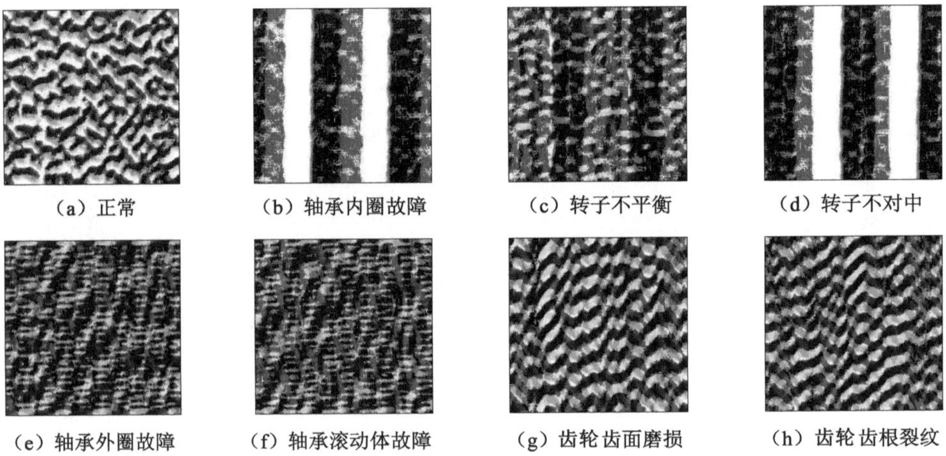

图 5-32　8 种状态下的改进灰度纹理图像示例

图像去噪算法从多尺度特征提取、轻量化和加速推理三个方面进行了改进。原始去噪算法选用卷积自编码器，编码层由 5 个卷积层组成，卷积核大小为 3×3，采用最大池化，添加 ReLU 激活函数，引入 BN 层。编码后，通道数从 1 增加到 256。在解码层，操作相反，对特征映射做转置卷积，放大了特征映射，且通道从 256 逐渐降为 1，对应原始灰度图像的通道数。同时，为了能更好地恢复图像，解码层由七个反卷积层组成。

对振动图像数据集分别加入标准差为 15、25、50 的三种不同程度高斯噪声，以峰值信噪比(PSNR)和结构相似性(SSIM)对去噪效果进行评价，得到的训练集和测试集损失曲线如表 5-17 所示。

表 5-17　训练集和测试集损失曲线图

	轻度噪声(σ=15)	中度噪声(σ=25)	重度噪声(σ=50)
训练集损失曲线	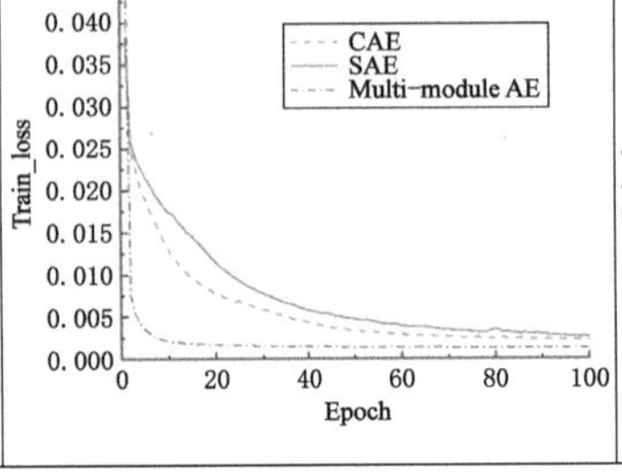	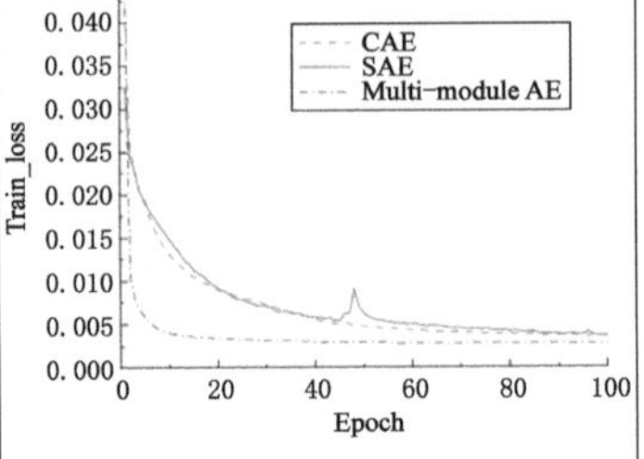	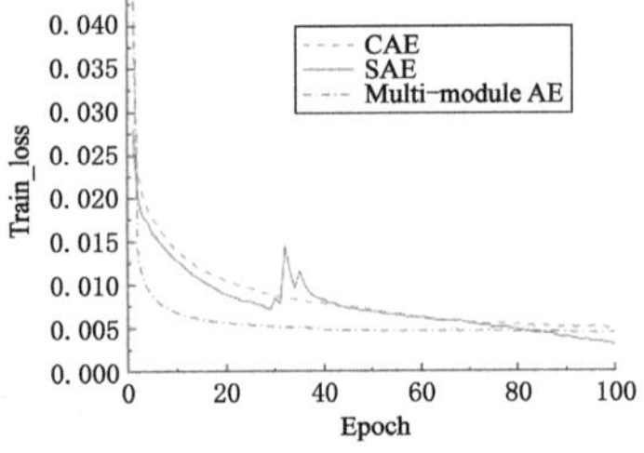

表 5-17(续)

	轻度噪声(σ=15)	中度噪声(σ=25)	重度噪声(σ=50)
测试集损失曲线	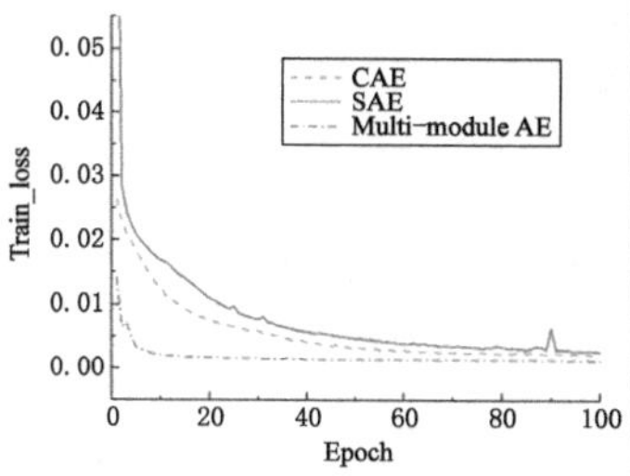	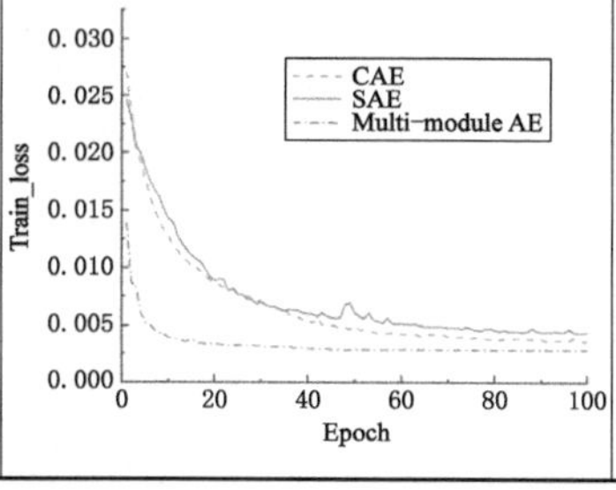	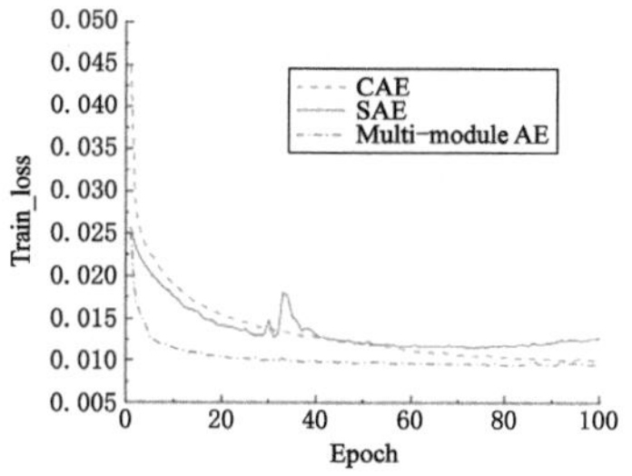

由表 5-17 中损失曲线可知，当添加标准差为 15 和 25 的高斯噪声时，所提去噪方法较卷积自编码器(CAE)和堆叠自编码器(SAE)收敛速度更快，在第 10 个 epoch 时就基本收敛，具有更强的学习能力。同时，训练损失和测试损失曲线相对平滑，没有出现剧烈波动，说明所提模型更稳定。在添加标准差为 50 的高斯噪声时，所提模型的训练损失较 SAE 略高，但测试集损失优于其他对比模型，有较快的收敛速度；SAE 的训练集损失较小但波动较大，在测试集表现不佳。所提模型在不同程度的噪声下测试表现均为最优。

将图像样本输入至 Fast-MobileNetV3，并与原始 MobileNetV3-large、MobileNetV3-small、AlexNet 和 GoogLeNet 模型做对比，在测试集上验证其性能。结果如表 5-18 所示，可知各模型的测试准确率均在 96%以上，所提模型的参数量和计算量最低，精度仅次于 GoogLeNet。虽然 Fast-MobileNetV3 的准确率比 GoogLeNet 低 0.17%，但训练时间仅为 GoogLeNet 的 0.36%。

表 5-18　不同模型的结果对比

模型	参数量/M	FLOPs/G	模型大小/kB	时间	准确率/%
MobileNetV3-large	4.21	19.65	16 657	5 小时 23 分钟	96.03
MobileNetV3-small	1.67	5.19	6 645	57 分钟 7 秒	97.08
Fast-MobileNetV3	0.28	0.39	188	2 分钟 58 秒	99.83
GoogLeNet	59.86	156.24	23 563	828 分钟 12 秒	100.00
AlexNet	57.02	55.14	222 745	5 分钟 58 秒	97.82

图 5-33 为各模型在原始数据集下的性能比较。图 5-33(a)和(b)分别展示了各模型在原始数据集下的参数、FLOPs 和精度。图中由浅到深的渐变颜色代表了模型的优化方向，即模型在参数小、FLOPs 低但精度高的方向上进行优化，可知所提模型的综合表现最优。

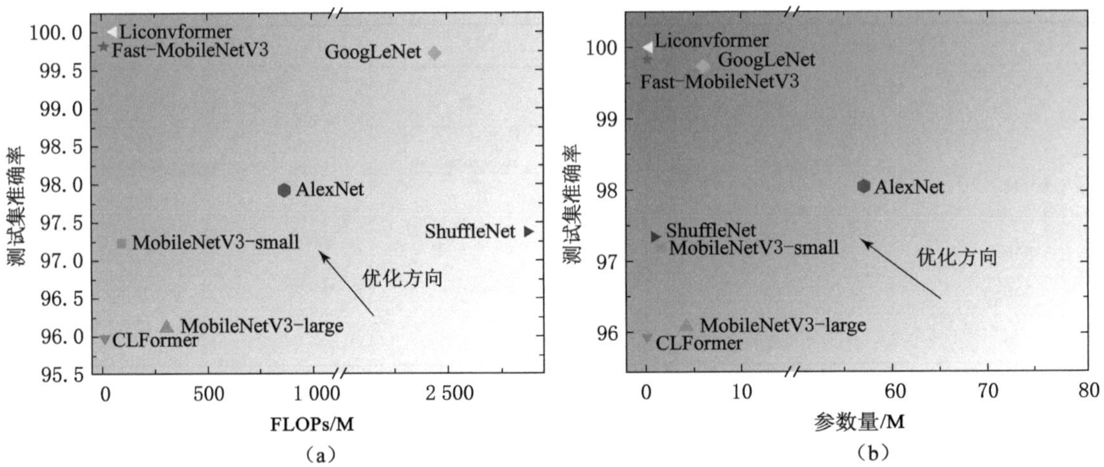

图 5-33 各模型在原始数据集下的性能比较

为模拟机械设备实际运行环境，对图像样本进行加噪，添加轻、中、重三种程度的高斯噪声，使用 Fast-MobileNetV3 对加噪数据集进行测试，结果如表 5-19 所示。加载数据集与去噪数据集混淆矩阵如表 5-20 所示。

表 5-19 加噪与去噪数据集上的分类结果对比

数据集/%	准确率/%	精确率/%	召回率/%	F1-score/%
加噪样本(σ=15)	0.983	0.984	0.983	0.983
加噪样本(σ=25)	0.950	0.958	0.950	0.954
加噪样本(σ=50)	0.900	0.925	0.900	0.912
去噪样本(σ=15)	0.992	0.992	0.992	0.992
去噪样本(σ=25)	0.988	0.989	0.988	0.988
去噪样本(σ=50)	0.966	0.971	0.966	0.969

由表 5-19 和表 5-20 可知，当振动图像数据集加入不同程度的噪声后，模型性能会出现不同程度的下降。轻度噪声对模型准确率的影响较小，去噪后的故障诊断准确率较去噪前提升了 0.84%。中度噪声对模型性能影响更大，去噪后的故障诊断准确率达到 98.75%。重度噪声严重损害模型的性能，噪声强度已明显掩盖图像的细节特征，准确率降至 90.00%，去噪后故障诊断准确率提升了 6.6%。

综上，所提故障诊断方法当噪声强度轻时仍能保持高的准确率。当引入重度噪声时，使用所提降噪方法进行图像处理，能够为故障诊断任务提供更可靠的输入，提高了模型的准确率和鲁棒性。

表 5-20　加噪与去噪数据集混淆矩阵

	轻度噪声(σ=15)	中度噪声(σ=25)	重度噪声(σ=50)
准确率	98.33%→99.17%	95.00%→98.75%	90.0%→96.6%
加噪数据集混淆矩阵	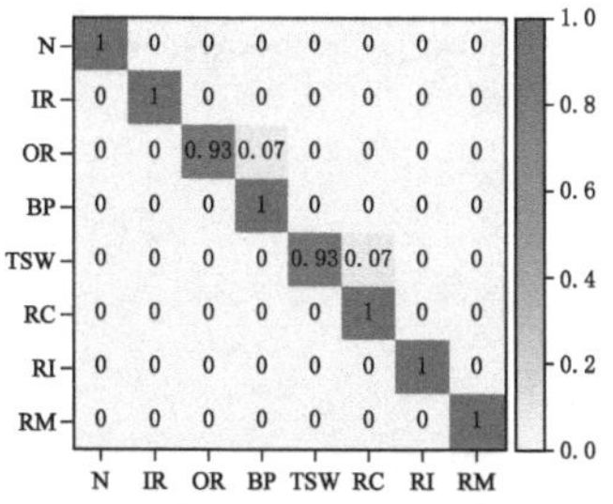	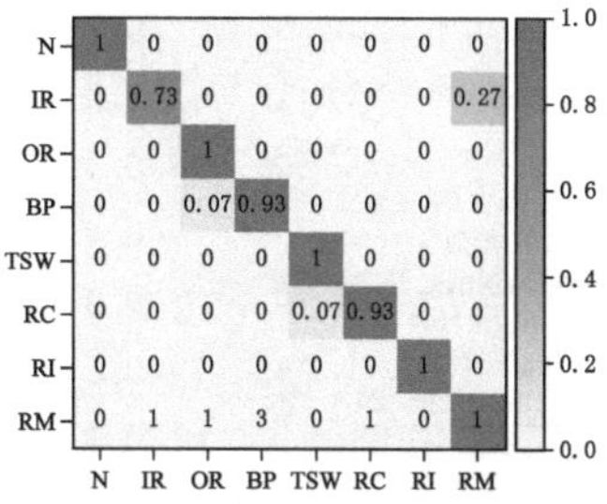	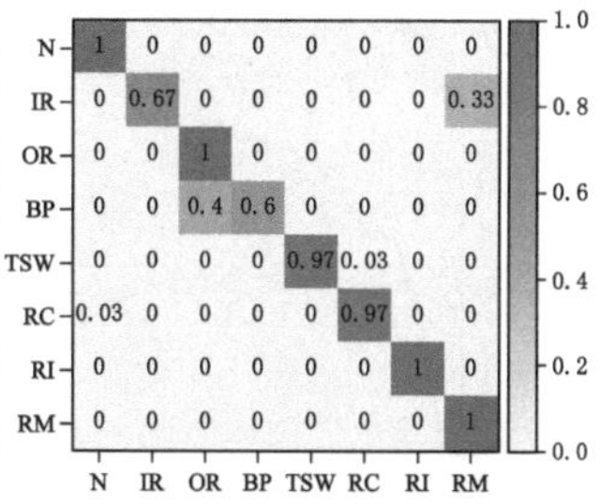
去噪数据集混淆矩阵	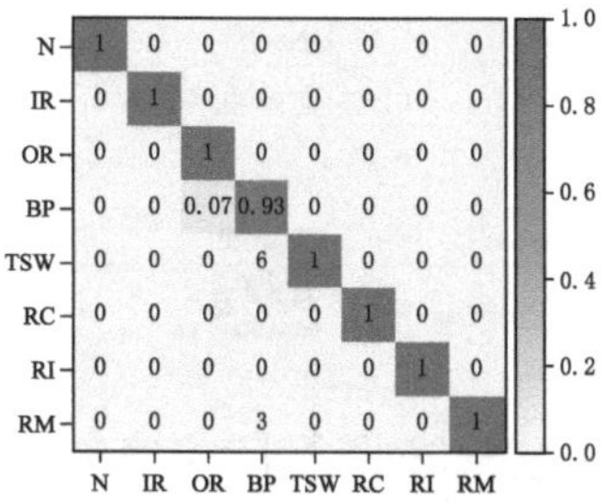	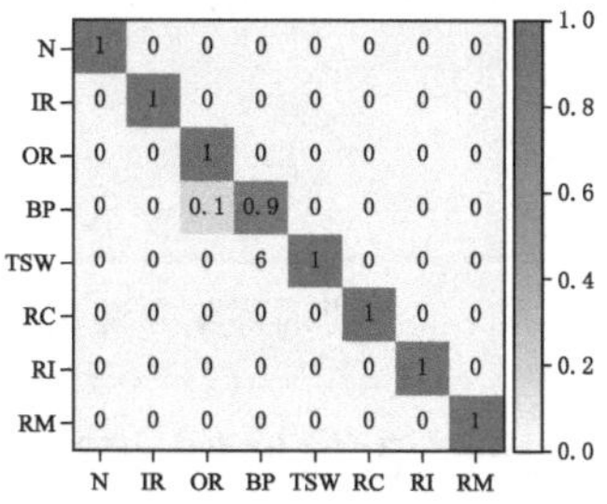	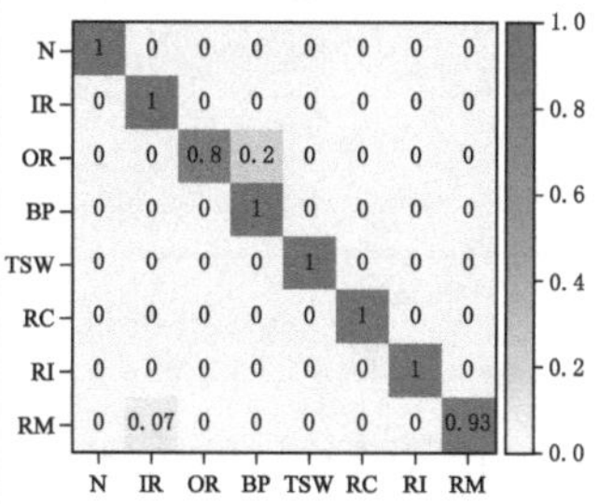

5. 小样本滚动轴承复杂故障模式智能精细诊断

滚动轴承的故障类型包含内圈、外圈、滚动体、保持架的单一故障，内圈和外圈、内圈和滚动体、外圈和滚动体的双故障，内圈、外圈、滚动体、保持架同时故障的全故障，共 8 种故障情况。每种故障分为两个程度。对于内圈和外圈，当故障发生在非承重区时，对振动信号的影响很小，损坏程度定义为轻微，而当故障发生在承重区时，对振动信号的影响很大，损坏程度定义为严重。对于滚动体和保持架，轻度故障的损坏尺寸较小，而重度故障的损坏尺寸较大。实验情况还包括滚动轴承正常状态和传感器螺纹连接松动。在第 2 章中的一号故障模拟实验平台上进行振动信号的数据采集。

将滚动轴承的振动信号采用 VMD-GTI 方法进行处理，对所得样本进行数据集划分，构建了两个不同的数据集。在数据集 A 中，针对 18 种状态，每种状态下的样本中 200 个用于训练，40 个用于测试，共 3 600 个样本用于训练，720 个样本用于测试。在数据集 B 中，针对 18 种状态，每种状态下的样本中 200 个用于训练，40 个用于测试，共 1 800个样本用于训练，720 个样本用于测试。

在 CNN 模型研究中，使用数据集 A。选取 LeNet-5、AlexNet、GoogleNet、ResNet-18、DenseNet-121 模型进行对比。利用准确率、精确率、召回率、F1-score 和模型训练时间作为模型评价指标。所有模型的训练轮次为 100，批大小为 16，初始学习率为 0.000 1。所有模型的训练和测试曲线如图 5-34 所示，指标数值如表 5-21 所示。

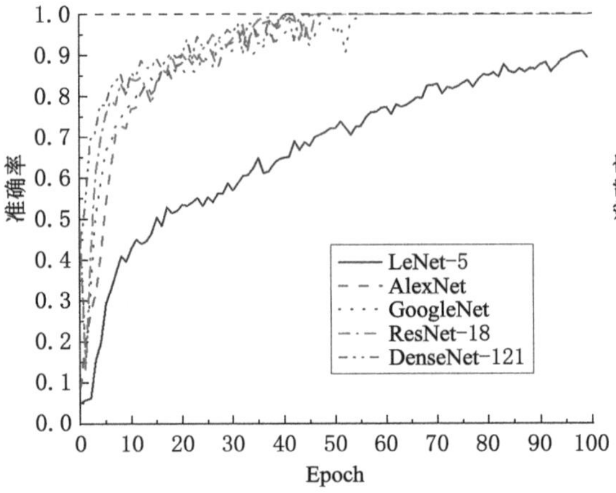

（a）训练曲线

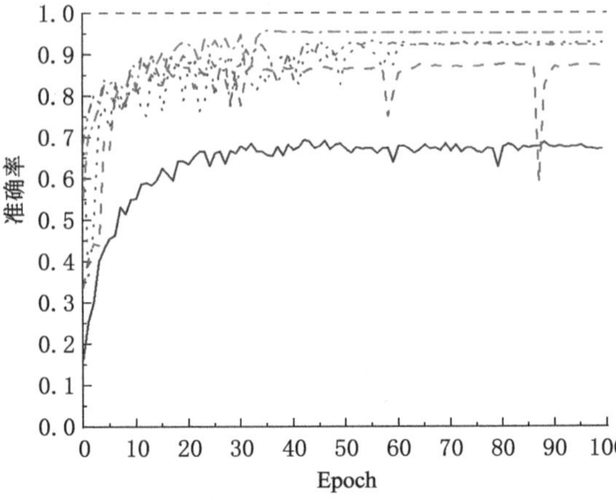

（b）测试曲线

图 5-34　不同 CNN 模型的训练集和测试集的准确率曲线

由图 5-34(a)可知，随着训练轮次的增加，模型最终均能够收敛且准确率为 100%。由图 5-34(b)可知，ResNet-18 最快达到平稳状态且最终的测试集准确率最高，LeNet-5 常有波动且最终的测试集准确率最低。

表 5-21　不同 CNN 模型的评价指标

模型	评价指标				
	准确率	精确率	召回率	F1-score	训练时间
LeNet-5	0.672 2	0.674 4	0.672 2	0.6696	10 min 30 s
AlexNet	0.877 8	0.877 2	0.877 8	0.876 3	18 min 4 s
GoogleNet	0.930 6	0.930 3	0.930 6	0.929 5	14 min 9 s
ResNet-18	0.958 3	0.958 2	0.958 3	0.958 0	11 min 49 s
DenseNet-121	0.934 7	0.936 6	0.934 7	0.934 4	24 min 6 s

根据表 5-21，对所有评价指标进行数据处理，使其取值范围均为[0,1]，并将不同 CNN 模型的所有指标结果绘制成雷达图，如图 5-35 所示。当模型在这个指标上的表现越好，则其取值越大，数值越靠近边缘，数值连接形成的多边形面积越大，即模型在所有指标上的综合表现越好。这里，STD-Time 是对算法耗时取倒数。

由图 5-35 可知，LeNet-5 所有指标数值在雷达图上连接所形成的多边形面积最小，故其在所有指标上的综合表现最差。而 ResNet-18 所有指标数值在雷达图上连接所形成的多边形面积最大，故其综合性能最好，选择 ResNet-18 作为图像分类模型。

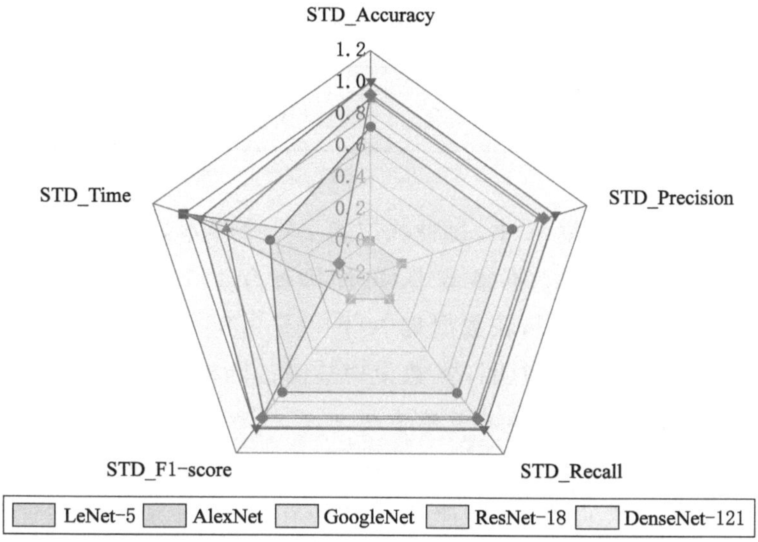

图 5-35　不同 CNN 模型的评价指标的雷达图

学习率是深度学习模型训练的重要参数。当学习率设定得小，可得到高的训练精度，但收敛速度慢；当学习率设定得大，则相反。在 ResNet-18 模型训练中，学习率分别设为 0.000 01、0.000 1 和 0.001。优化器能使损失函数不断逼近全局最小值，在模型训练中优化器设置为随机梯度下降（SGD）、自适应学习率优化（Adam）和加速收敛 AdamW。激活函数可以增加网络的非线性，让复杂数据能够更好地被分类，在模型训练中激活函数设置为 Tanh、ReLU 和 LeakyReLU。不同参数下的测试集准确率如表 5-22 所示。

表 5-22　ResNet-18 在不同学习率、优化器及激活函数下的测试集准确率

学习率	测试集准确率/%	优化器	测试集准确率/%	激活函数	测试集准确率/%
0.001	5.56	SGD	89.31	Tanh	0.933 3
0.000 1	95.83	Adam	95.83	ReLU	0.958 3
0.000 01	89.58	AdamW	89.86	LeakyReLU	0.951 4

由表 5-22 可知，当学习率为 0.000 1、优化器为 Adam、激活函数为 ReLU 时，获得最高的测试集准确率，为 95.83%。

对 ResNet-18 模型完成调参后，利用数据集 A 和 B 分别对模型进行训练与测试，研究不同数量训练样本对模型的影响，以准确率为评价指标，结果如表 5-23 所示。

表 5-23 ResNet-18 在有不同数量的数据集上的测试集准确率

数据集	训练集样本数量	测试集样本数量	测试集准确率/%
A	200×18	40×18	95.83
B	100×18		85.97

由表 5-23 可知，在数据集 A 中，每种状态有 200 张样本，训练集样本总数为 3 600，测试集准确率达 95.83%。在数据集 B 中，每种状态有 100 张样本，训练集样本总数为 1 800，测试集准确率为 85.97%，较数据集 A 下降了 9.86%。可以看出，当样本数量不足时，模型的准确率明显下降，说明样本数量对故障诊断模型的结果有大的影响。

6. 基于 Ada-act LMCNN 的电机故障诊断

在第 2 章中的二号故障模拟实验平台进行实验。设计 7 种不同工况，包含加速实验和加速带载实验。加速实验中，转速从 0 开始在6 s内分别均匀加速至 900 r/min、1 350 r/min和 1 800 r/min，模拟 3 种速度变化范围，不施加负载。加速带载实验中，转速从 0 开始在 6 s 内均匀加速至 1 800 r/min，分别施加名义负载转矩为 0 N·m、17.26 N·m、44.09 N·m、66.47 N·m 的 4 种负载，模拟空、轻、中、重载工况。实验信息如表 5-24 和表 5-25 所示。

表 5-24 数据集 A 即加速实验

速度变化范围/(r/min)	0～900	0～1 350	0～1 800
工况标号	A-a	A-b	A-c

表 5-25 数据集 B 即加速带载实验

速度变化范围/(r/min)	0～1 800			
负载挡位	空载	轻载	中载	重载
名义负载转矩/(N·m)	0	17.26	44.09	66.47
工况标号	B-a	B-b	B-c	B-d

实验中，设置采样频率为 20 480 Hz，采集电机加速过程中 3 s 的振动信号，每种工况下对每种状态电机采集 50 组数据。在每种工况下，各状态电机采集的 50 组原始振动数据总点数为 3 072 000。连续无重叠地选取其中 4 096 个点生成一张振动图像。每种状态可得到 750 张大小为 256×256 的图像，每种工况可得到 3 000 张图像。模型在各工况数据集上分别进行训练，设定训练集、验证集和测试集的划分比例为 6∶2∶2。表 5-26 为数据集划分结果。

表 5-26　数据集划分结果

转速范围/(r/min)	名义负载转矩/(N·m)	工况标号	数据集大小(训练：验证：测试)	电机状态
0～900	0	A-a	18 00：600：600	正常 轴承故障 转子弯曲 转子不平衡
0～1 350	0	A-b	1 800：600：600	
0～1 800	0	A-c	1 800：600：600	
0～1 800	0	B-a	1 800：600：600	
0～1 800	17.26	B-b	1 800：600：600	
0～1 800	44.09	B-c	1 800：600：600	
0～1 800	66.47	B-d	1 800：600：600	

以 A-c 工况下 GTI 样本进行模型训练。对比模型包括 AlexNet、GoogLeNet、MobileNet 和 ShuffleNet。训练中学习率设为 0.001，优化器为 NAdam，批大小设为 16，训练轮次为 70。保存每次交叉验证最后一轮模型，统计其在测试集上的表现并记录各模型参数量、FLOPs、模型大小和训练时间，如表 5-27 所示。需要说明的是，NAdam 对 NAG 和 Adam 进行了融合，是 Adam 的升级算法。分析可知，以 GTI 为样本，各模型的准确率平均值均达 89% 以上。Ada-act LMCNN 参数量和 FLOPs 最低，准确率为 98.5%，仅次于 GoogLeNet，标准差为 0.003 73，表现稳定。虽 Ada-act LMCNN 准确率较 GoogLeNet 低 1.0%，但训练时间仅为 GoogLeNet 的 2.4%，证明 Ada-act LMCNN 能够高效地将模型训练至理想结果。

表 5-27　各模型在 A-c 工况下的结果

模型	各交叉验证模型的准确率				准确率		参数量/M	FLOPs/M	模型大小/MB	训练时间/s
	Fold 1	Fold 2	Fold 3	Fold 4	平均值	标准差/(10^{-2})				
AlexNet	0.965	0.973	0.962	0.990	0.972	1.096	57.0	864.2	217.5	1 293
GoogLeNet	0.998	0.990	0.995	0.997	0.995	0.312	6.3	34 200.3	24.2	47 762
MobileNet	0.930	0.852	0.878	0.912	0.893	3.017	3.2	3 033.9	12.4	3 475
ShuffleNet	0.988	0.963	0.877	0.980	0.952	4.446	0.9	2 868.6	3.7	9 877
Ada-act LMCNN	0.990	0.980	0.983	0.987	0.985	0.373	0.2	91.8	0.9	1 156

图 5-36 是在 A-c 工况下各模型的表现，(a)、(b)分别给出了各模型参数量、FLOPs 与测试集准确率，图中渐变色从浅到深代表模型优化方向即模型向参数量小、FLOPs 小但准确率高的方向优化。分析可知，在所有对比模型中，Ada-act LMCNN 参数量和 FLOPs 最小。在当前参数设定下，Ada-act LMCNN 准确率略低于 GoogLeNet。(c)给出了模型采用四折交叉验证的训练时间与最终模型大小，结合表 5-27 可知从训练时间

看五个模型中用时最长为 GoogLeNet，达 47 762 s，Ada-act LMCNN 用时最短，仅1 156 s；从最终模型大小看，最大为 AlexNet，达 217.5 MB，Ada-act LMCNN 仅为 0.9 MB，是 AlexNet 的 0.4%。

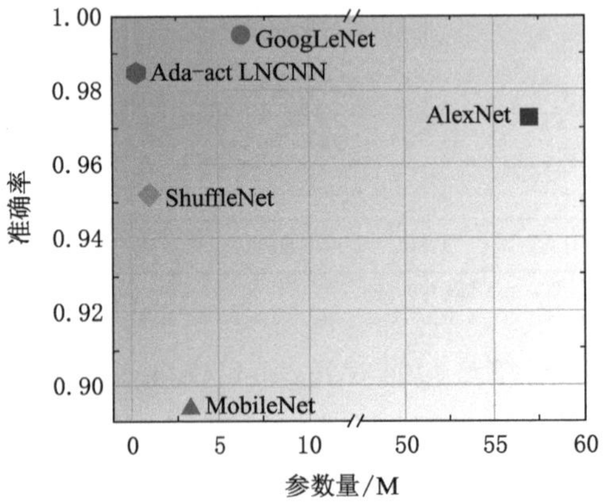

(a) 参数量与准确率

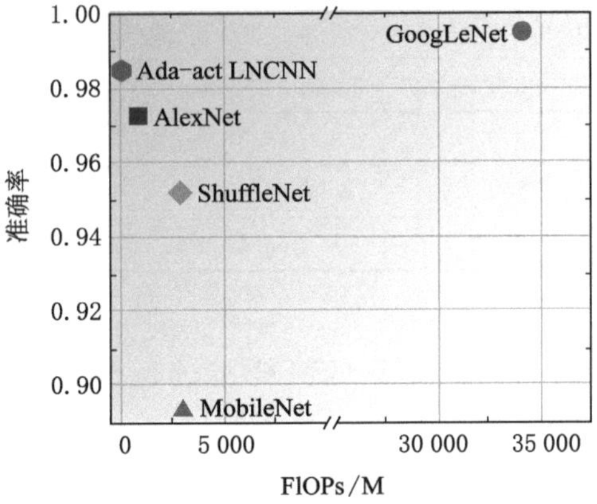

(b) FLOPs与准确率

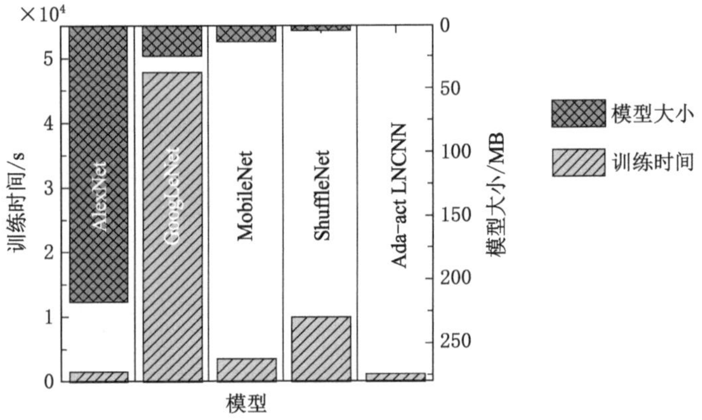

(c) 训练时间和模型大小

图 5-36　A-c 工况下各模型表现对比

为进一步揭示各模型输出特征分布，选取交叉验证中 Fold 1 输出特征，绘制混淆矩阵及 t-SNE 降维散点图，如图 5-37 和图 5-38 所示。

分析可知，MobileNet 的正常、转子弯曲、转子不平衡三类数据分布较近，存在重叠，边界不清，与其在测试集上准确率表现一致。AlexNet 和 ShuffleNet 均表现出转子弯曲与转子不平衡两类数据分布接近的现象，存在一定误分类。GoogLeNet 和 Ada-act LMCNN 均能很好地识别各类故障，误分类较少。图 5-38 各子图中，都存在转子弯曲与转子不平衡分布距离大于与其他类间距离的情况，且误分类样本都集中在这两类上，表明电机中同一部件不同故障相较于不同部件故障更难区分。

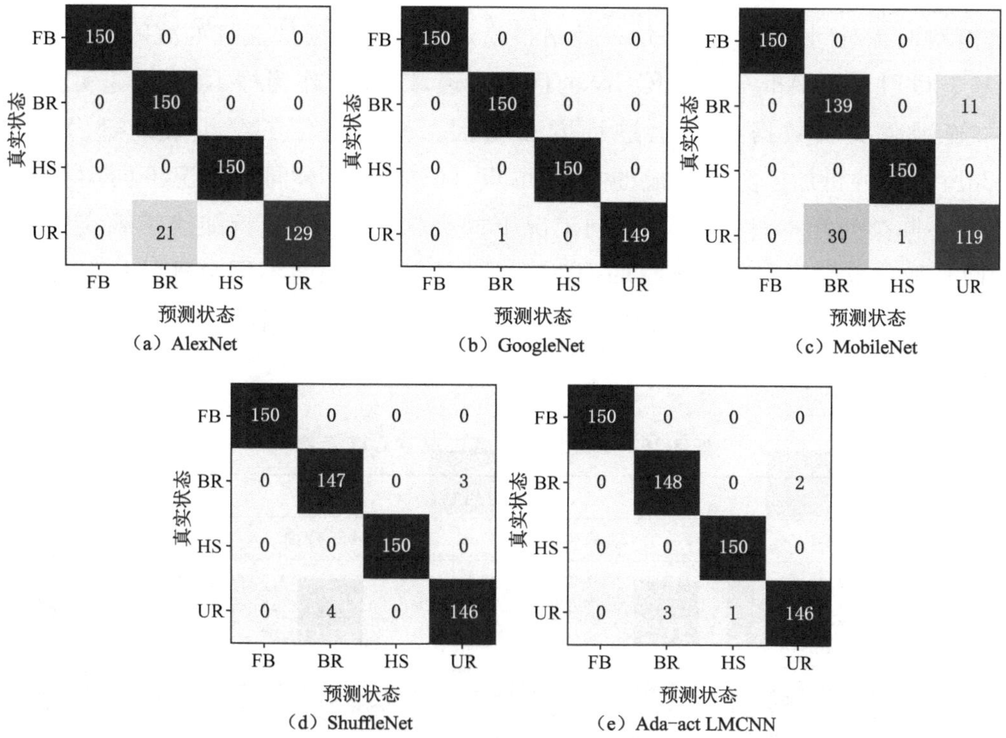

图 5-37　各模型结果混淆矩阵

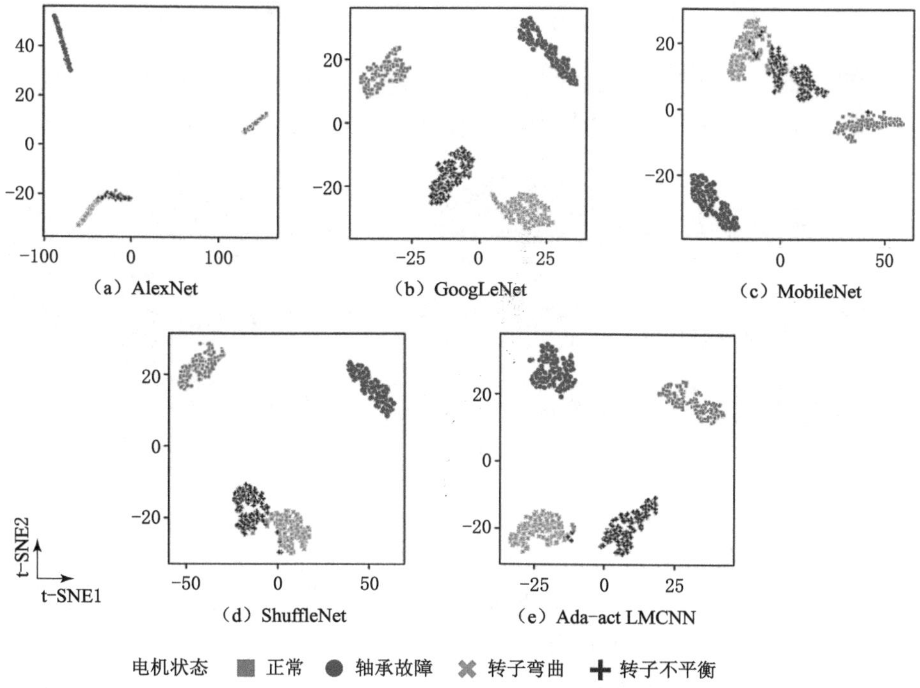

图 5-38　各模型输出特征散点图

总体上，Ada-act LMCNN 能在大幅减小参数量和 FLOPs 同时保证准确率和稳定性，且模型训练时间短、文件小，是一种结果稳定可靠并对硬件友好的故障诊断模型。

基于 GTI 联合 Ada-act LMCNN 的优异表现，以 GTI 作为样本，在加速实验数据集 A 和加速带载实验数据集 B 上进行方法验证。变转速各工况生成的部分 GTI 如表 5-28所示。分析加速实验生成的 GTI 可得，随转速变化，同一工况下同类样本间存在差异，不同类间样本差异明显；不同工况下同类样本相似；分析加速带载实验生成的 GTI，同一加速范围不同负载挡位的同类样本更为相似，证明不同负载挡位对样本特征的影响弱于不同加速挡位。这证明 GTI 从数据层面可降低不同工况对特征的影响，满足类间差异大且类内差异小的要求。

表 5-28　加速实验中各工况下 GTI 示例

工况标号	电机状态			
	正常	轴承故障	转子弯曲	转子不平衡
C-a				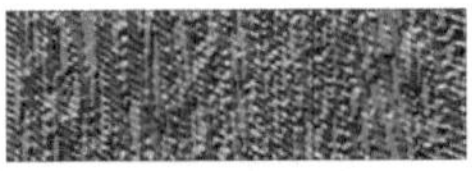
C-b	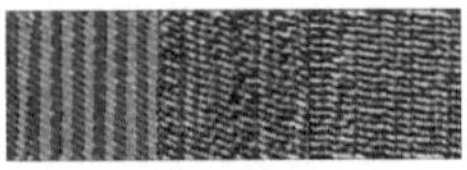		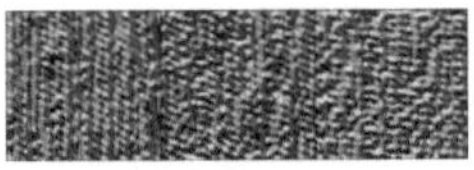	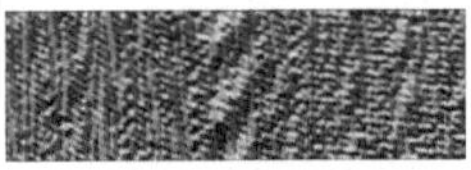
C-c				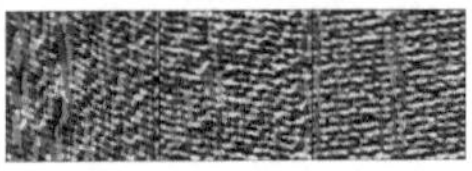
D-a			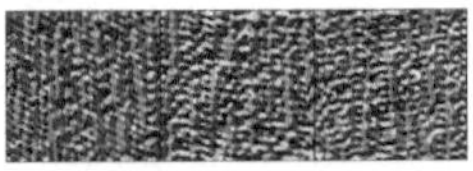	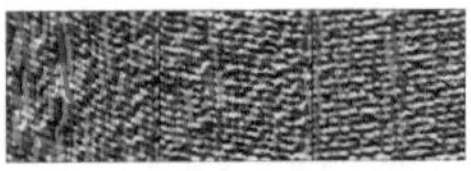
D-b	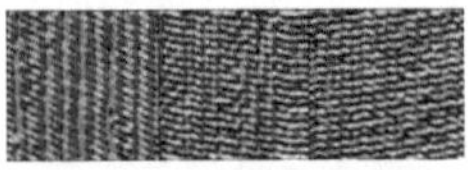		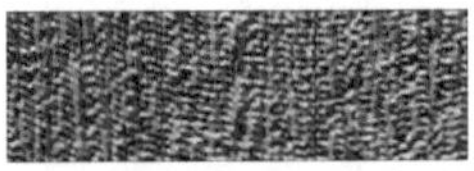	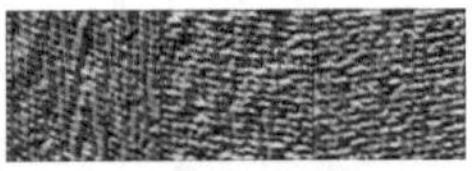
D-c	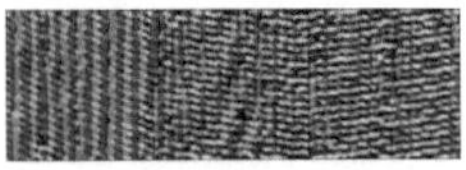		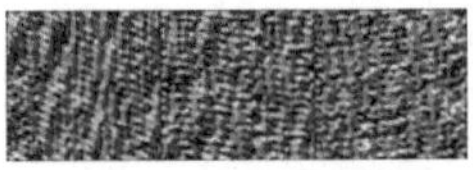	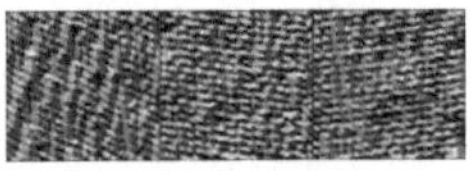
D-d	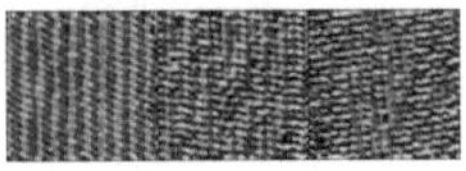		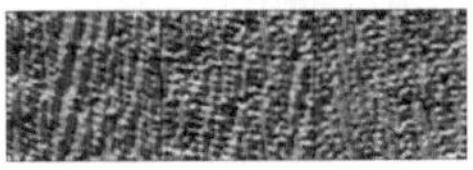	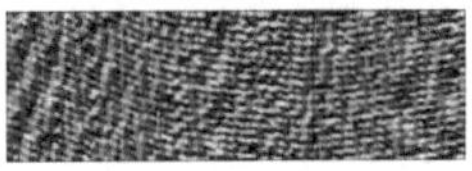

Ada-act LMCNN 在变转速工况下的表现如表 5-29 所示。在加速实验中，各加速挡位下准确率不尽相同，但均大于或等于 95%，且标准差较小，模型表现良好；在加速带载实验中，4 种工况下的模型准确率均高于 98%，明显优于加速实验的结果，证明加速工况下不同挡位负载工况的诊断难度小于不同挡位加速工况。

表 5-29　Ada-act LMCNN 在变转速工况下的结果

工况	各交叉验证模型的准确率				准确率	
	Fold 1	Fold 2	Fold 3	Fold 4	平均值	标准差/(10^{-2})
C-a	0.963	0.953	0.953	0.950	0.955	0.500
C-b	0.982	0.980	0.968	0.962	0.973	0.828
C-c	0.993	0.997	0.992	0.995	0.994	0.186
D-a	0.993	0.997	0.992	0.995	0.994	0.186
D-b	0.998	0.998	0.998	0.998	0.998	0
D-c	0.987	0.988	0.985	0.985	0.986	0.138
D-d	0.990	0.992	0.992	0.995	0.992	0.182
混合工况	0.976	0.989	0.988	0.988	0.985	0.544

此外，为证明模型在多种工况下的诊断效果，汇总各工况下全部样本，不同工况的同类样本标签相同，按 6∶2∶2 的比例划分训练、验证和测试集，重新训练 Ada-act LMCNN，相关超参数设定与单一工况一致，模型在混合工况测试集上的最终准确率平均值为 98.5%，标准差为 0.005 44。证明 Ada-act LMCNN 可以在混合工况下准确且稳定地对不同电机状态进行诊断。以交叉验证中 Fold 1 模型的输出特征为例，绘制混淆矩阵及经 t-SNE 降维后的散点图如图 5-39、图 5-40 所示。

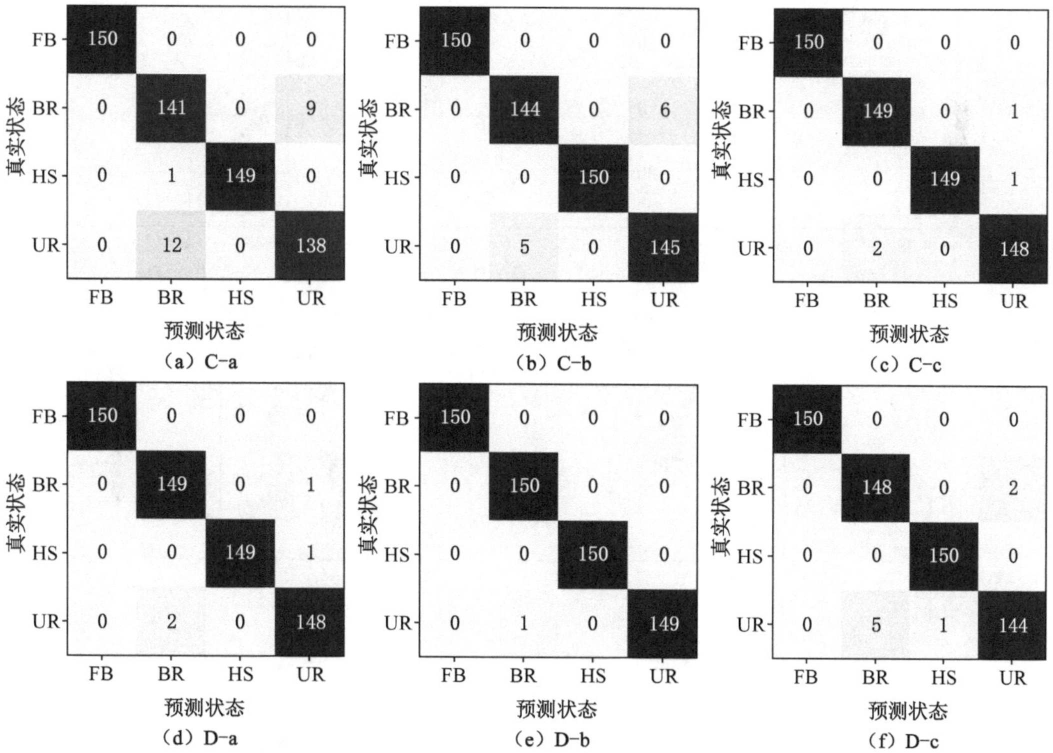

图 5-39　各工况诊断结果混淆矩阵

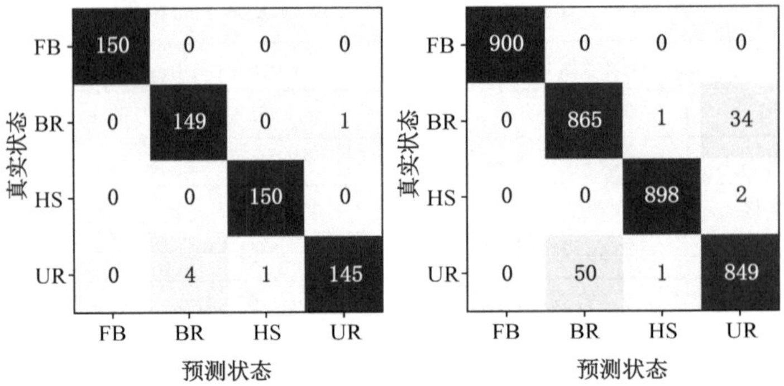

（g）D-d （h）混合工况

图 5-39 （续）

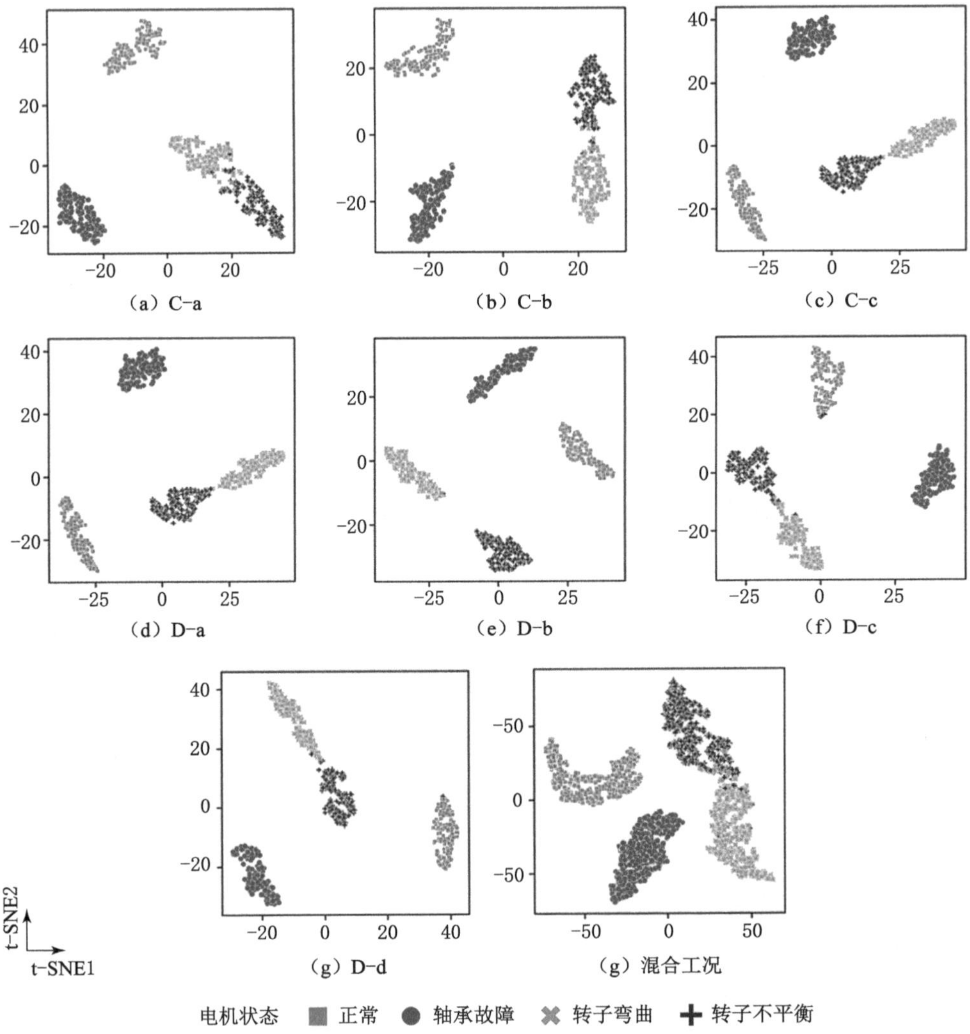

（a）C-a （b）C-b （c）C-c

（d）D-a （e）D-b （f）D-c

（g）D-d （g）混合工况

图 5-40 各工况下模型输出特征分布散点图

由图 5-40 可知，其中 D-b 工况的表现最好，各类数据均匀地分布为 4 簇，其混淆矩阵显示只有一个转子不平衡样本被误分类为转子弯曲，该工况下准确率为 99.8%，且标准差为 0，与分布结果一致。其余工况在转子的两种故障上分布有部分重叠，整体表现良好。图 5-41 对 Ada-act LMCNN 在各工况下的诊断准确率进行了对比。

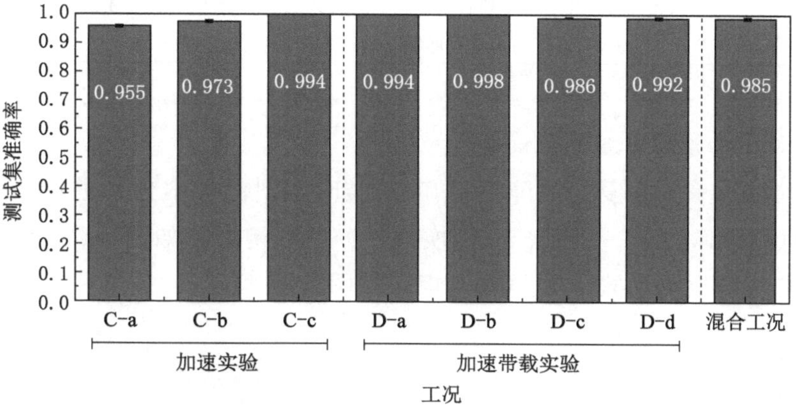

图 5-41　各工况测试集上模型诊断结果

总体而言，所提方法在变转速各工况包括混合工况下均能取得高的诊断准确率，平均值最低为 95.5%，GTI 在处理变转速工况数据时具有明显优势，Ada-act LMCNN 能在模型轻量化的同时保证高的诊断准确率和稳定性。

5.3.2　基于改进 Transformer 网络的故障诊断实例

1. 滚动轴承振动图像数据集构建

在一号故障模拟实验平台上，基于自测轴承数据使用 STFT、CWT 和 EMDPWVD 三种时频分析方法，得到单一、复合故障模式下三种时频图像样本。其中，单一故障数据集设置如表 5-30 所示；复合故障数据集设置如表 5-31 所示。每类图像样本集包含正常、内圈故障、外圈故障、滚动体故障四种状态，每种状态样本数为 5 000 张，按照 3∶1∶1 比例划分训练集、验证集和测试集。

表 5-30　单一故障时频图像数据集汇总

故障模式	单一故障		
算法名称	STFT	CWT	EMDPWVD
算法类型	线性时频分析	线性时频分析	非线性时频分析
转换原理	时频变换	时频变换	信号分解＋时频变换
数据数量	20 000(5 000 张×4 种状态数据)正常、内圈、外圈、滚动体		
数据划分	训练∶验证∶测试＝3∶1∶1		

表 5-31　复合故障时频图像数据集设置汇总

故障模式	复合故障		
算法名称	STFT	CWT	EMDPWVD
算法类型	线性时频分析	线性时频分析	非线性时频分析
转换原理	时频变换	时频变换	信号分解+时频变换
数据数量	20 000(5 000 张×4 种状态数据)正常、内圈+滚动体、外圈+滚动体、内圈+外圈		
数据划分	训练∶验证∶测试=3∶1∶1		

2. 基于 ViT 的滚动轴承故障诊断

针对滚动轴承单一和复合故障模式,对三类时频图像样本分别进行训练、验证和测试。STFT 时频图像在单一和复合故障模式下分类混淆矩阵如图 5-42 所示,CWT 时频图像在单一和复合故障模式下分类混淆矩阵如图 5-43 所示。

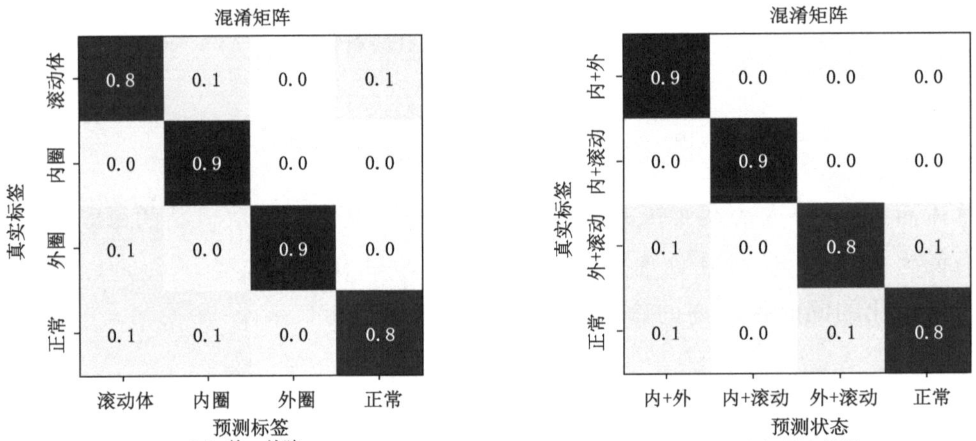

(a) 单一故障　　(b) 复合故障

图 5-42　STFT 时频图像在单一和复合故障下分类混淆矩阵

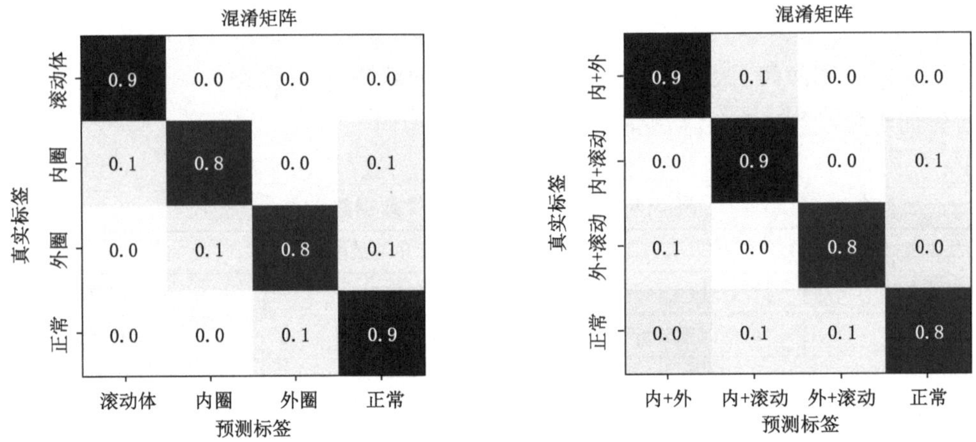

(a) 单一故障　　(b) 复合故障

图 5-43　CWT 时频图像在单一和复合故障下分类混淆矩阵

EMDPWVD 时频图像在单一和复合故障模式下分类混淆矩阵如图 5-44 所示。测试结果的评价指标为准确率、精确率、平均召回率与平均 F1-score，三类时频图像测试集结果如表 5-32 所示。

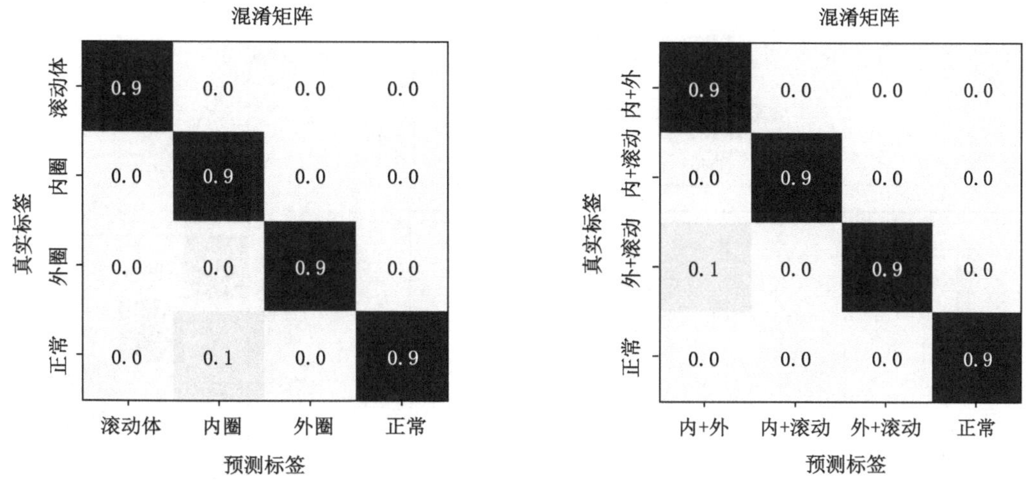

(a) 单一故障　　(b) 复合故障

图 5-44　EMDPWVD 时频图像在单一和复合故障下分类混淆矩阵

表 5-32　测试结果评价指标

故障模式	样本类别	准确率/%	精确率/%	平均召回率/%	平均 F1-score/%
单一故障	STFT	89.97	81.75	83.75	83.04
	CWT	90.24	83.25	85.64	85.37
	EMDPWVD	92.67	84.25	87.21	86.69
复合故障	STFT	90.41	84.91	86.14	87.04
	CWT	87.16	81.02	83.07	84.57
	EMDPWVD	91.52	88.75	89.73	90.17

由以上结果可知，不论是单一还是复合故障模式，采用 EMDPWVD 时频图像进行训练所得 ViT 模型均具有最高准确率，单一故障测试准确率为 92.67%，复合故障测试准确率为 91.52%。STFT 在单一故障下准确率为 89.97%，复合故障下准确率为 90.41%。CWT 在单一故障下准确率为 90.24%，复合故障下为 87.16%。EMDPWVD 在两种模式下精确率、平均召回率及平均 F1-score 均最高，单一故障下三种指标分别为 84.25%、87.21%和 86.69%；复合故障下三种指标分别为 88.75%、89.73%和90.17%。分析可知，基于 EMDPWVD 时频分析方法的模型性能均优于其他两种。

3. 基于 PiT 的滚动轴承复合故障诊断

基于 PiT 的滚动轴承复合故障诊断模型及过程如图 5-45 所示。

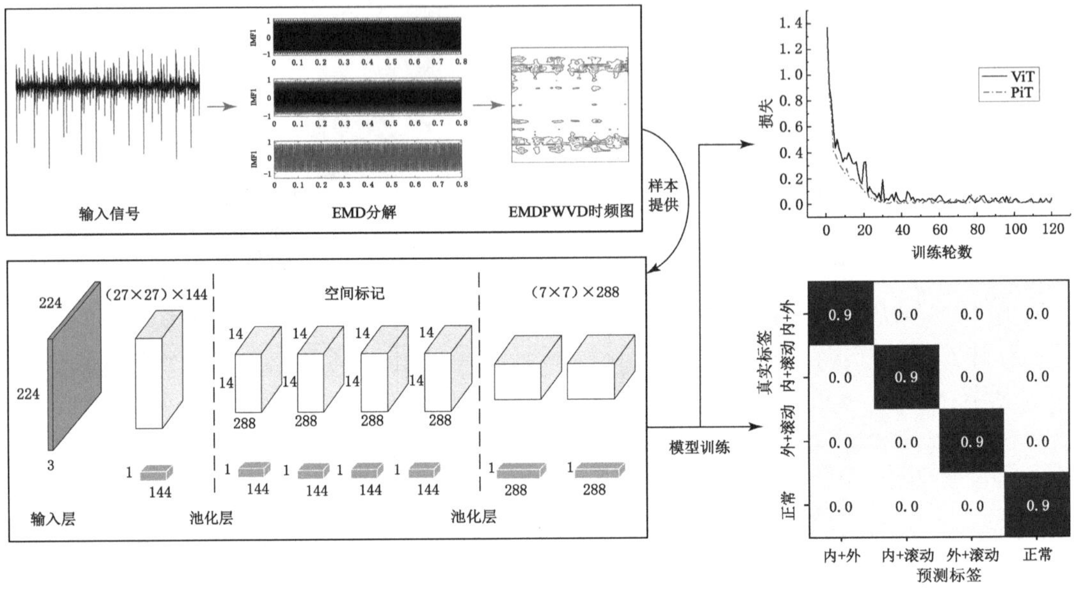

图 5-45　基于 PiT 的滚动轴承复合故障诊断模型及过程

针对滚动轴承复合故障，PiT 对 EMDPWVD 时频图像分别进行训练、验证和测试。图 5-46 为复合故障下 EMDPWVD 时频图像在 ViT 和改进的 PiT 模型上训练集、测试集的准确率和损失曲线，图 5-47 为 PiT 模型的混淆矩阵。

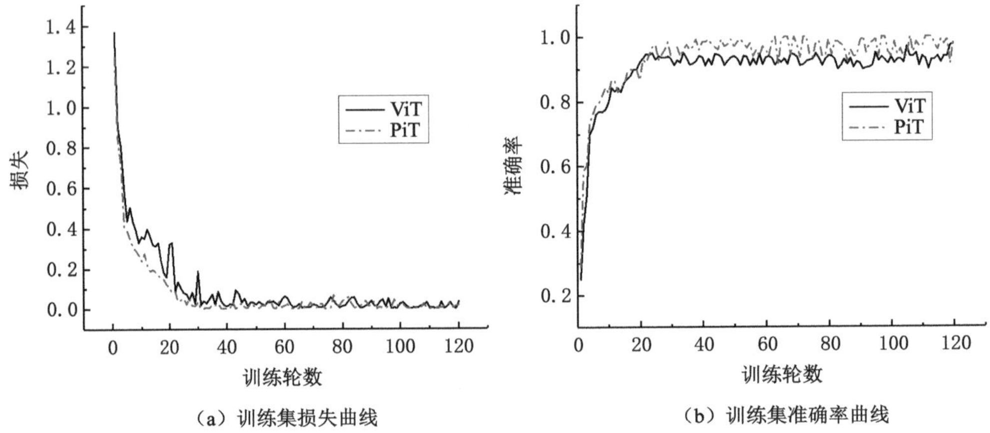

图 5-46　池化改进 ViT 模型前后的验证集曲线

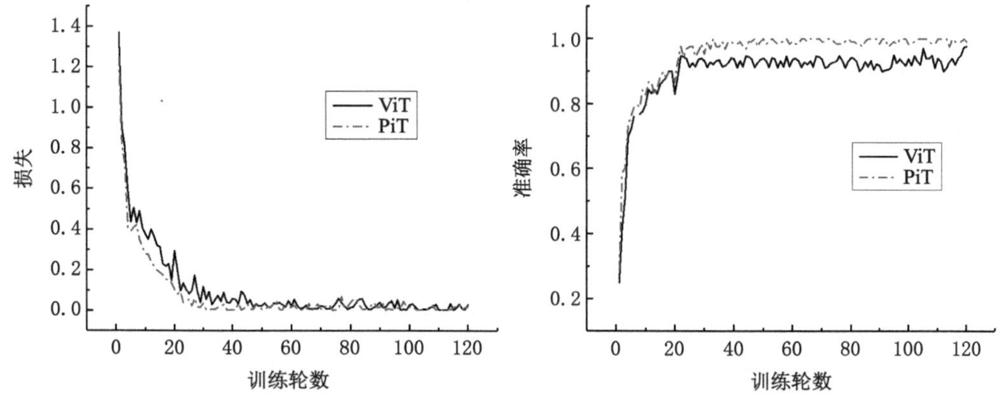

（c）测试集损失曲线　　（d）测试集准确率曲线

图 5-46　（续）

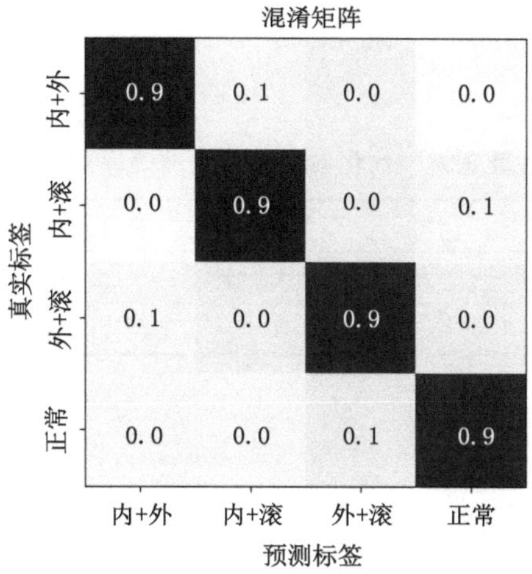

图 5-47　复合故障下采用 EMDPWVD 的 PiT 混淆矩阵

针对正常、内圈外圈故障、内圈滚动体故障和外圈滚动体故障构成的混合数据集，每类测试样本数量为 200 个，测试结果的评价指标为精确率、召回率与 F1-score。EMDPWVD 时频图像测试集指标如表 5-33 所示。PiT 和 ViT 的测试集指标差值如表5-34 所示。

表 5-33　PiT 测试结果

状态	精确率/%	召回率/%	F1-score/%
正常	94.53	96.67	92.29
内圈＋外圈	92.64	91.27	90.16
内圈＋滚动体	90.27	93.58	96.17
外圈＋滚动体	93.37	94.68	93.81

表 5-34 PiT 和 ViT 的 EMDPWVD 样本测试结果差值

状态	精确率差值/%	召回率差值/%	F1-score 差值/%
正常	+1.23	+6.14	+0.53
内圈+滚动体	+0.91	+1.88	+5.69
外圈+滚动体	+4.15	+2.51	+1.48
内圈+外圈	+2.48	−1.06	+2.44

由图 5-46 可知，模型改进后训练集和测试集准确率曲线较改进前上升速度更快，损失曲线波动减小且更快趋于稳定，证明引入池化层对 ViT 模型的改进是有效的，模型泛化能力和分类性能得到提升。由表 5-34 和表 5-35 可知，对复合故障模式下 EMDP-WVD 图像分类，模型改进前后测试集三个指标均有提升，以外圈滚动体复合故障为例，加入池化后精确率提升了 4.15%，召回率提升了 2.51%，F1-score 提升了 1.48%，证明池化对 ViT 模型的分类效果起到了改善作用。ViT 和 PiT 的测试集准确率数值如表 5-35所示。

表 5-35 优化前后测试集准确率对比

模型	有无池化层	测试集准确率/%
ViT	无	92.67
PiT	有	96.37

参考文献

[1] 曹现刚，段雍，赵江滨，等. 综采设备健康状态评估研究综述[J]. 工矿自动化，2023，49(9)：23-35，97.

[2] 樊红卫，薛策译，张旭辉，等. 一种振动图像驱动的滚动轴承智能故障诊断方法：CN113919220A[P]. 2022-01-11.

[3] 樊红卫，张旭辉，曹现刚，等. 智慧矿山背景下我国煤矿机械故障诊断研究现状与展望[J]. 振动与冲击，2020，39(24)：194-204.

[4] 樊红卫，张旭辉，曹现刚. 机械故障诊断理论与方法[M]. 徐州：中国矿业大学出版社，2023.

[5] 马嘉腾. 不平衡小样本下基于深度学习的滚动轴承故障诊断方法研究[D]. 西安：西安科技大学，2023.

[6] 马宁阁. 振动时频图像驱动的滚动轴承智能故障诊断方法研究[D]. 西安：西安科技大学，2023.

[7] 任众孚. 变工况电机转子-轴承系统智能故障诊断方法研究[D]. 西安：西安科技大学，2024.

[8] 薛策译. 基于振动图像深度学习的滚动轴承智能故障诊断研究[D]. 西安：西安科技大学，2022.

[9] DRAGOMIRETSKIY K，ZOSSO D. Variational mode decomposition[J]. IEEE Transactions on Signal Processing，2014，62(3)：531-544.

[10] FAN H W，CHEN B R，CAO X G，et al. An intelligent multi-element fault diagnosis method of rolling bearings considering damage degrees and sensor abnormity under small samples[J]. Proceedings of the Institution of Mechanical Engineers，Part C：Journal of Mechanical Engineering Science，2024，DOI：10.1177/09544062241293355.

[11] FAN H W，LI Q S，CAO X G，et al. A novel intelligent fault diagnosis method of

helical gear with multi-channel information fused images under small samples[J]. Applied Acoustics,2025,228:110357.

[12] FAN H W,MA J T,CAO X G,et al. An intelligent diagnosis approach combining resampling and CWGAN-GP of single-to-mixed faults of rolling bearings under unbalanced small samples[J]. International Journal of Pattern Recognition and Artificial Intelligence,2023,37(12):1-21.

[13] FAN H W,MA J T,ZHANG X H,et al. Intelligent data expansion approach of vibration gray texture images of rolling bearing based on improved WGAN-GP[J]. Advances in Mechanical Engineering,2022,14(3):1-11.

[14] FAN H W,MA N G,ZHANG X H,et al. New Intelligent Fault Diagnosis Approach of Rolling Bearing Based on Improved Vibration Gray Textural Image and Vision Transformer[J]. Proceddings of the Institution of Mechanical Engineers,Part C:Journal of Mechanical Engineering Science,2022,DOI:10.1177/09544062221085871.

[15] FAN H W,MA N G,ZHANG X H,et al. New intelligent fault diagnosis approach of rolling bearing based on improved vibration gray texture image and vision transformer[J]. Proceedings of the Institution of Mechanical Engineers,Part C:Journal of Mechanical Engineering Science,2024,238(13):6117-6130.

[16] FAN H W,REN Z F,CAO X G,et al. A GTI&Ada-act LMCNN method for intelligent fault diagnosis of motor rotor-bearing unit under variable conditions[J]. IEEE Transactions on Instrumentation and Measurement,2024,73:1-14.

[17] FAN H W,REN Z F,ZHANG X H,et al. A gray texture image data-driven intelligent fault diagnosis method of induction motor rotor-bearing system under variable load conditions[J]. Measurement,2024,233:114742.

[18] FAN H W,XUE C Y,MA J T,et al. A novel intelligent diagnosis method of rolling bearing and rotor composite faults based on vibration signal-to-image mapping and CNN-SVM[J]. Measurement Science and Technology,2023,34(4):044008.

[19] FAN H W,XUE C Y,ZHANG X H,et al. Vibration images-driven fault diagnosis based on CNN and transfer learning of rolling bearing under strong noise[J]. Shock and Vibration,2021,2021(5):1-16.

[20] WANG H T,DAI X Y,SHI L C,et al. Data-augmentation based CBAM-ResNet-GCN method for unbalance fault diagnosis of rotating machinery[J]. IEEE Access,2024,12:34785-34799.

[21] XIONG L J,HE M,HU C,et al. Image presentation and effective classification of odor intensity levels using multi-channel electronic nose technology combined with